ERGEBNISSE DER MATHEMATIK UND IHRER GRENZGEBIETE

HERAUSGEGEBEN VON DER SCHRIFTLEITUNG DES "ZENTRALBLATT FÜR MATHEMATIK"

ERSTER BAND

5

FASTPERIODISCHE FUNKTIONEN

VON

HARALD BOHR

MIT 10 FIGUREN

Springer-Verlag Berlin Heidelberg GmbH
1932

H. Bohr

Fastperiodische Funktionen

Springer-Verlag
Berlin Heidelberg GmbH 1974

AMS-Subject Classifications (1970) 43A60

ISBN 978-3-540-06299-8   ISBN 978-3-642-86689-0 (eBook)
DOI 10.1007/978-3-642-86689-0

Ursprünglich erschienen bei Springer-Verlag Berlin Heidelberg New York 1932
Library of Congress Catalog Card Number 73-10717

Vorwort.

Das Jahr 1930—31 verbrachte ich in Amerika, indem ich einer freundlichen Einladung zufolge an verschiedenen Universitäten der Vereinigten Staaten Vorlesungen und Vorträge hielt. So trug ich unter anderem in Stanford, Berkeley und Princeton über die Theorie der fastperiodischen Funktionen vor. Von verschiedener Seite wurde ich aufgefordert, die betreffende kleine Vorlesungsreihe zu veröffentlichen, und ich kam daher einer freundlichen Aufforderung des Herausgebers und des Verlages Julius Springer, sie in der Sammlung „Ergebnisse der Mathematik" erscheinen zu lassen, mit großer Freude nach. Den eigentlichen Vorlesungen, die als eine möglichst bequeme Einführung in die Theorie gedacht sind, und welche ausführlich und elementar dargestellt sind, habe ich bei der vorliegenden Ausarbeitung zwei kleinere ergänzende Anhänge von skizzenhaftem Charakter hinzugefügt.

Indem ich hiermit diese Vorlesungen herausgebe, habe ich wieder an die schöne und bereichernde Zeit in Amerika sowie an die mir von allen Seiten erwiesene große Liebenswürdigkeit zurückdenken müssen, und ich erlaube mir die Gelegenheit zu benutzen, meinen amerikanischen Kollegen und Freunden nochmals meinen herzlichsten Dank auszusprechen.

Bei der endgültigen Bearbeitung und Fertigstellung des Manuskriptes in einer Zeit, wo ich selbst krank lag, hat mein Freund und Mitarbeiter, Dr. Börge Jessen, mir in der sorgfältigsten Weise geholfen und dabei auch verschiedene Vereinfachungen und Verbesserungen vorgeschlagen; für all seine Hilfe möchte ich ihm auch an dieser Stelle aufrichtig danken.

Fynshav, August 1932.   Harald Bohr.

Inhaltsverzeichnis.

Einleitung.

1. Bei der Planlegung der Vorlesungen, welche den Inhalt dieses kleinen Buches ausmachen, wurde ich vor eine Wahl gestellt, welche mir zunächst eine gewisse Schwierigkeit darbot. Da nämlich die mir zur Verfügung stehende Vorlesungszeit eine recht beschränkte war, mußte ich von vornherein die Entscheidung treffen, ob ich einen mehr übersichtsmäßigen Bericht über die gesamte Theorie geben wollte oder nur einen, jedoch wesentlichen Teil der Theorie bringen sollte, dann aber in aller Ausführlichkeit und mit vollständigen Beweisen. Ich entschloß mich zu der letzteren Alternative, indem ich doch der Meinung bin, daß der Gewinn aus einer Vorlesung wohl am besten dadurch gesichert wird, daß den Hörern Gelegenheit geboten wird, sich in den Stoff ruhig einzuleben, wenn auch dadurch der Umfang des Stoffes etwas eingeschränkt werden muß. Die Beschränkung des Stoffes bestand vor allem darin, daß ich mich auf die Betrachtung von Funktionen einer *reellen* Veränderlichen und außerdem noch von durchweg *stetigen* Funktionen beschränkte.

2. Um der genannten Beschränkung des Stoffes bei der vorliegenden Ausarbeitung der Vorlesungen einigermaßen abzuhelfen, habe ich, wie schon im Vorwort erwähnt, den eigentlichen Vorlesungen zwei Anhänge hinzugefügt. Von diesen wird der erste die *Verallgemeinerungen* der Theorie der fastperiodischen Funktionen (nach den Richtlinien der LEBESGUEschen Integraltheorie) behandeln, während der zweite über die Theorie der fastperiodischen Funktionen einer *komplexen* Veränderlichen berichtet. Diese letztere Theorie, welche aus der Theorie der DIRICHLETschen Reihen herausgewachsen ist, bildete übrigens für den Verfasser den ursprünglichen Ausgangspunkt für die ganzen Untersuchungen.

Für den Leser, der in die Theorie weiter einzudringen wünscht, ist am Schluß noch ein kurzes Literaturverzeichnis über einige der einschlägigen Arbeiten zusammengestellt.

3. Bevor ich an die eigentliche Darstellung der Theorie herangehe, seien zunächst einige Bemerkungen über die Probleme vorausgeschickt, welche in der Theorie der fastperiodischen Funktionen behandelt werden; späterhin wird natürlich eine ausführliche und genaue Formulierung dieser Probleme gegeben werden. Allgemein gesprochen können wir sagen, daß das Hauptproblem der Theorie darin besteht, diejenigen für $-\infty < x < \infty$ definierten Funktionen $f(x)$ der reellen

Variablen x aufzusuchen, die in reine Schwingungen aufgelöst werden. können. Diese Aussage enthält mehrere Worte, deren Bedeutung zunächst festzulegen ist. Was sind „reine Schwingungen", und was soll unter dem Wort „aufgelöst" verstanden werden? An dieser Stelle werde ich auf den mit dem ganzen Aufbau der Theorie aufs engste zusammenhängenden Begriff der Auflösung nicht näher eingehen; dagegen werde ich schon jetzt genau erklären, was unter einer reinen Schwingung zu verstehen ist.

4. Solange man nur reelle Funktionen betrachtet, bezeichnet man als reine Schwingungen solche Funktionen wie $\cos x$, $\sin x$ oder allgemeiner $\alpha \cos x + \beta \sin x$; diese Funktionen sind periodisch mit der Periode 2π; wenn man beliebige Perioden zuläßt, so wird man unter einer reinen Schwingung eine Funktion der Form $\alpha \cos \lambda x + \beta \sin \lambda x$ verstehen. Für das Folgende wird es aus formalen Gründen bequemer sein, nicht reelle, sondern komplexe Funktionen der reellen Variablen x zu betrachten. Als *reine Schwingung* bezeichnet man alsdann jede Funktion der Form $a e^{i\lambda x} = a(\cos \lambda x + i \sin \lambda x)$, wo a eine beliebige komplexe Zahl und λ eine beliebige reelle Zahl bedeutet. Schreibt man a in der Form $a = |a| e^{iv}$, so erhält die Funktion die Form $|a| e^{iv} e^{i\lambda x}$; dabei gibt $|a|$ die *Amplitude*, v die *Phase* und λ die *Frequenz* der Schwingung an [die Periode der Schwingung ist (für $\lambda \neq 0$) $2\pi/|\lambda|$]. Von diesen Zahlen sind $|a|$ und λ die wichtigsten; häufig betrachtet man $|a|^2$ an Stelle von $|a|$ selbst.

5. Die Theorie der fastperiodischen Funktionen handelt nun von dem folgenden Problem: *Welche Funktionen $f(x)$ können für $-\infty < x < \infty$ in reine Schwingungen aufgelöst werden, d. h. sind „darstellbar" durch eine trigonometrische Reihe der Form* $\sum A_n e^{i \Lambda_n x}$? [Dabei ist nur von Reihen mit höchstens abzählbar vielen Gliedern die Rede oder, physikalisch gesprochen, von Funktionen, deren „Spektrum" ein reines Linienspektrum ist; die Theorie der Fourierintegrale $\int\limits_{-\infty}^{\infty} a(\lambda) e^{i\lambda x} d\lambda$, d. h. der kontinuierlichen Spektren, wird also von unserem Problem prinzipiell nicht umfaßt.]

In dem klassischen Fall, wo nur *harmonische* Schwingungen, d. h. Schwingungen der Form $a e^{in\alpha x}$, $n = 0, \pm 1, \pm 2, \ldots$ betrachtet werden, führt die entsprechende Fragestellung zur Theorie der gewöhnlichen trigonometrischen Reihen $\sum\limits_{-\infty}^{\infty} a_n e^{in\alpha x}$; jede beliebige periodische Funktion der Periode $p = 2\pi/|\alpha|$ läßt sich bekanntlich in eine solche Reihe, die Fourierreihe der Funktion, entwickeln. Der wesentliche Unterschied zwischen diesem Fall und dem obigen Fall, wo *beliebige* Schwingungen $a e^{i\lambda x}$, $-\infty < \lambda < \infty$ betrachtet werden, besteht darin, daß im letzteren

Fall die Menge der zu berücksichtigenden Frequenzen nicht abzählbar ist, während wir es in dem ersten Fall von vornherein nur mit abzählbar vielen Frequenzen zu tun haben.

Die Vorlesungen sind in zwei Teile geteilt. In dem *ersten Teil* behandeln wir den klassischen Fall der harmonischen Schwingungen $ae^{in\alpha x}$, wobei wir der Einfachheit halber $\alpha = 1$ wählen, so daß es sich um die Theorie der gewöhnlichen Fourierreihen von periodischen Funktionen der Periode 2π handelt. Dieser Teil ist wesentlich von einführendem Charakter und soll vor allem zum leichteren und tieferen Verständnis des Folgenden dienen; die Darstellung weicht deshalb in verschiedener Hinsicht von der sonst üblichen ab.

Im *zweiten Teil* folgt sodann die Behandlung der beliebigen Schwingungen $ae^{i\lambda x}$, die zu der allgemeinen Theorie der fastperiodischen Funktionen und deren Fourierreihen führt.

6. Eine Zwischenstellung zwischen der Theorie der periodischen und der fastperiodischen Funktionen nimmt die ältere Theorie der „im weiteren Sinne periodischen" Funktionen von BOHL ein. Diese Theorie entspricht dem Fall, wo nur Schwingungen der Form $ae^{i(n_1\alpha_1 + n_2\alpha_2 + \cdots + n_m\alpha_m)x}$ betrachtet werden, wobei $\alpha_1, \alpha_2, \ldots, \alpha_m$ vorgegebene linear unabhängige Konstanten bedeuten, während $n_1, n_2, \ldots, n_m$ unabhängig voneinander alle ganzen Zahlen $0, \pm 1, \pm 2, \ldots$ durchlaufen; jede im weiteren Sinne periodische Funktion mit den „Perioden" $p_1 = 2\pi/|\alpha_1|$, $p_2 = 2\pi/|\alpha_2|, \ldots, p_m = 2\pi/|\alpha_m|$ läßt sich in eine Fourierreihe der Form

$$\sum a_{n_1, n_2, \ldots, n_m} e^{i(n_1\alpha_1 + n_2\alpha_2 + \cdots + n_m\alpha_m)x}$$

entwickeln. Die schönen Untersuchungen von BOHL weisen manche Berührungspunkte mit der Theorie der fastperiodischen Funktionen auf; in einer gewissen Hinsicht stehen jedoch diese BOHL*schen Funktionen* den reinperiodischen Funktionen näher als den fastperiodischen, was wesentlich daran liegt, daß das zugrunde gelegte System von Frequenzen hier wieder ein abzählbares ist.

7. Im Laufe des Aufbaus der Theorie der allgemeinen fastperiodischen Funktionen bot sich von selbst neben der Klasse der soeben erwähnten BOHLschen Funktionen noch eine andere einfache und wichtige Unterklasse dar, nämlich die der *grenzperiodischen* Funktionen. Es sind dies die Funktionen, welche in trigonometrische Reihen der Form $\sum a_r e^{ir\alpha x}$ entwickelt werden können, wo r die Menge aller rationalen Zahlen durchläuft. In den gegenwärtigen Vorlesungen konnte ich jedoch der Kürze halber weder auf die BOHLschen Funktionen noch auf die grenzperiodischen Funktionen eingehen.

Auch mußten solche Untersuchungen wie die von FRANKLIN und BOCHNER herrührenden über fastperiodische Funktionen von mehreren — sogar abzählbar vielen — Veränderlichen, die Untersuchungen über das Werteverteilungsproblem, welches nach verschiedenen Richtungen hin von WINTNER und JESSEN behandelt wurde, sowie die insbesondere von FAVARD (im Anschluß an BOHL) ausgeführten Untersuchungen über Differentialgleichungen mit fastperiodischen Koeffizienten bei der vorliegenden Veröffentlichung leider ganz außer Acht gelassen werden.

8. Die Theorie der fastperiodischen Funktionen wurde in ihren Hauptzügen vom Verfasser in drei größeren Abhandlungen in den Acta Mathematica (Bd. 45, 46 und 47) unter dem gemeinsamen Titel „Zur Theorie der fastperiodischen Funktionen" entwickelt, von denen die beiden ersten die fastperiodischen Funktionen einer reellen Veränderlichen, die dritte aber den Fall einer komplexen Veränderlichen behandeln.

Beim Aufbau der Theorie stellte sich eine besondere, in der Natur der Sache liegende Schwierigkeit ein, nämlich die der Entscheidung der „Vollständigkeit" des betreffenden Systems aller Funktionen $e^{i\lambda x}$. Der ursprüngliche Beweis, daß dieses System tatsächlich ein *vollständiges* ist (in einem später genau zu präzisierenden Sinne), war sehr kompliziert und vielschlüssig; seine leitende Idee war jedoch eine recht einfache, nämlich allgemein gesprochen die, daß die Menge aller reinperiodischen Funktionen (mit beliebigen Perioden) in einem gewissen Sinne innerhalb der allgemeinen Klasse der fastperiodischen Funktionen als „überall dicht liegend" angesehen werden kann, so daß von vornherein die Möglichkeit nicht ausgeschlossen erschien, das Bestehen des Vollständigkeitssatzes für fastperiodische Funktionen aus seiner bekannten Gültigkeit für reinperiodische Funktionen (mit einer vorgegebenen Periode, d. h. für das System der harmonischen Schwingungen $e^{in\alpha x}$) durch einen Grenzübergang abzuleiten.

Einen neuen Beweis dieses *Fundamentalsatzes* gelang es WIENER zu finden, welcher wesentlich kürzer als der meinige war, andererseits aber Hilfsmittel aus der LEBESGUEschen Integraltheorie und der Theorie der Fourierintegrale benutzte, während der ursprüngliche Beweis nur mit ganz elementaren Mitteln operierte; dieser Beweis von WIENER bekam dadurch ein besonderes Interesse, daß er einen wichtigen Ausgangspunkt für seine schönen und vielversprechenden Untersuchungen über kombinierte Fourierreihen und Fourierintegrale bildete.

Ein wichtiger und interessanter Gesichtspunkt, welcher ebenfalls zu einer neuen Begründung des Fundamentalsatzes führte, wurde von WEYL eingeführt durch seinen Nachweis der Beziehungen der Theorie der fastperiodischen Funktionen zur Theorie der Integralgleichungen oder vielmehr Mittelwertgleichungen; charakteristisch für die WEYLsche Methode, die später von HAMMERSTEIN etwas vereinfacht wurde, ist auch die Heranziehung gruppentheoretischer Betrachtungen.

Der Beweis, den ich in diesen Vorlesungen bringen werde, ist allerdings weder der WIENERsche noch der WEYLsche, sondern ein dritter von DE LA VALLÉE POUSSIN, welcher sich im Prinzip dem meinigen nahe anschließt — obwohl auch WEYLsche Gedankengänge wesentlich benutzt werden — jedoch unvergleichlich viel einfacher ist und an Kürze und Eleganz kaum übertroffen werden kann; auch dieser DE LA VALLÉE POUSSINsche Beweis geht von der Gültigkeit des Vollständigkeitssatzes für reinperiodische Funktionen aus, welcher (leicht beweisbare) Satz in dem ersten Teil der Vorlesungen ausführlich besprochen wird.

9. Obwohl der Fundamentalsatz den entscheidenden Satz der ganzen Theorie bildet, ist er jedoch nicht als der eigentliche „Hauptsatz" anzusehen; dieser ist vielmehr der sog. *Approximationssatz* — das Analogon des klassischen WEIERSTRASSschen Approximationssatzes für reinperiodische Funktionen — welcher die genau charakteristischen Auflösbarkeitseigenschaften der fastperiodischen Funktionen in reine Schwingungen angibt.

Die vorhandenen Beweise dieses Approximationssatzes beruhen alle prinzipiell auf dem Fundamentalsatz. Seit meinem ursprünglichen Beweis, welcher auf einer für gewisse Probleme wesentlichen Beziehung der Theorie der fastperiodischen Funktionen zu der Theorie der grenzperiodischen Funktionen von unendlich vielen Veränderlichen basiert, sind auch hier bedeutende Vereinfachungen und Neugestaltungen erreicht, vor allem durch BOCHNER und WEYL.

In den Vorlesungen schließe ich mich dem Beweisgang von BOCHNER an, welcher sich dadurch auszeichnet, daß er eine schöne und natürliche Verallgemeinerung der FEJÉRschen Summierbarkeitsmethode für Fourierreihen reinperiodischer Funktionen darstellt (auf welche letztere in dem ersten Teil näher eingegangen wird).

10. Zum Schluß seien noch einige Bemerkungen über gewisse Einzelheiten in der vorliegenden Darstellung hinzugefügt.

Der tiefsinnige Beweis des Satzes über die Integration einer fastperiodischen Funktion geht schon auf BOHL zurück; in der Tat konnte dieser Beweis — sowie der Satz selbst — fast wörtlich von den BOHLschen Funktionen auf den allgemeinen Fall der fastperiodischen Funktionen übertragen werden.

Der allerletzte Satz der ganzen Vorlesungsreihe, welcher eine besondere Einfachheit des Verhaltens einer Fourierreihe $\sum A_n e^{i\Lambda_n x}$ mit **linear unabhängigen Exponenten** Λ_n zum Ausdruck bringt, wurde ursprünglich unter Verwendung von Sätzen über Diophantische Approximationen bewiesen; den hier gebrachten äußerst einfachen Beweis, welcher auf Ansätzen von BOCHNER und SZIDON beruht, verdanke ich einer freundlichen Mitteilung von Herrn FEKETE.

Reinperiodische Funktionen und ihre Fourierreihen.

Allgemeines Orthogonalsystem.

11. Es seien $\varphi(x)$ und $\psi(x)$ zwei in $a \leqq x \leqq b$ definierte stetige Funktionen, von denen keine identisch verschwindet.

In dem Falle, wo $\varphi(x)$ und $\psi(x)$ beide **reelle** Funktionen sind, werden sie *zueinander orthogonal* genannt, wenn

$$\int_a^b \varphi(x)\,\psi(x)\,dx = 0\,.$$

So sind z. B., wenn m und n positive ganze Zahlen bedeuten und $m \neq n$ ist, die beiden Funktionen $\cos mx$ und $\cos nx$ orthogonal zueinander in $0 \leqq x \leqq 2\pi$, weil

$$\int_0^{2\pi} \cos mx \cos nx\,dx = \int_0^{2\pi} \tfrac{1}{2}\{\cos(m+n)x + \cos(m-n)x\}\,dx$$

$$= \frac{1}{2}\left[\frac{\sin(m+n)x}{m+n} + \frac{\sin(m-n)x}{m-n}\right]_0^{2\pi} = 0\,.$$

Falls $\varphi(x)$ und $\psi(x)$ **komplexe** Funktionen sind, werden sie zueinander orthogonal in $a \leqq x \leqq b$ genannt, wenn

$$\int_a^b \varphi(x)\,\overline{\psi(x)}\,dx = 0 \quad \left(\text{oder } \int_a^b \overline{\varphi(x)}\,\psi(x)\,dx = 0\right).$$

Dabei bedeutet das Überstreichen einer Größe den Übergang zu der komplex konjugierten Größe. So sind z. B., wenn m und n beliebige ganze Zahlen bedeuten und $m \neq n$ ist, die beiden Funktionen e^{imx} und e^{inx} orthogonal zueinander in $0 \leqq x \leqq 2\pi$, weil

$$\int_0^{2\pi} e^{imx}\, e^{-inx}\,dx = \int_0^{2\pi} e^{i(m-n)x}\,dx = \left[\frac{e^{i(m-n)x}}{i(m-n)}\right]_0^{2\pi} = 0\,.$$

In den beiden genannten Beispielen sind die betrachteten Funktionen periodisch mit der Periode 2π; aus der Orthogonalität in dem Intervalle $0 \leqq x \leqq 2\pi$ folgt deshalb die Orthogonalität in einem beliebigen Intervall $a \leqq x \leqq a + 2\pi$ der Länge 2π.

Im Folgenden sind, wo das Gegenteil nicht ausdrücklich hervorgehoben wird, die betrachteten Funktionen immer *komplex*.

12. Oft ist es bequem, an Stelle des Integrales $\int_a^b \ldots$ den Mittelwert $\frac{1}{b-a}\int_a^b \ldots$ zu betrachten. Ist $\varphi(x)$ irgendeine in $a \leqq x \leqq b$ definierte stetige Funktion, so benutzen wir die Bezeichnung

$$\frac{1}{b-a}\int_a^b \varphi(x)\,dx = M\{\varphi(x)\} = M\{\varphi\}\,.$$

Die Funktion $\varphi(x)$ wird in $a \leqq x \leqq b$ *normiert* genannt, wenn der Mittelwert

$$\frac{1}{b-a}\int_a^b \varphi(x)\,\overline{\varphi(x)}\,dx = \frac{1}{b-a}\int_a^b |\varphi(x)|^2\,dx = 1\,.$$

So ist z. B., wenn n eine beliebige ganze Zahl bedeutet, die Funktion e^{inx} normiert in $0 \leqq x \leqq 2\pi$, ja allgemeiner sogar in jedem Intervall $a \leqq x \leqq b$, weil

$$\int_a^b e^{inx}\,e^{-inx}\,dx = \int_a^b 1\,dx = b - a\,.$$

Dagegen ist die Funktion $\cos nx$, wo n eine positive ganze Zahl bedeutet, in dem Intervall $0 \leqq x \leqq 2\pi$ nicht normiert, weil

$$\frac{1}{2\pi}\int_0^{2\pi} \cos^2 nx\,dx = \frac{1}{2\pi}\int_0^{2\pi}\frac{1+\cos 2nx}{2}\,dx = \frac{1}{4\pi}\left[x + \frac{\sin 2nx}{2n}\right]_0^{2\pi} = \frac{1}{2}\,.$$

Ist die Funktion $\varphi(x)$ nicht normiert, so läßt sie sich (sofern sie nicht identisch verschwindet) immer durch Multiplikation mit einer passenden Konstanten in eine normierte Funktion überführen. Der Mittelwert

$$\frac{1}{b-a}\int_a^b |\varphi(x)|^2\,dx = M\{|\varphi|^2\}$$

ist nämlich in diesem Fall sicher reell und >0. Also existiert die Funktion

$$\frac{\varphi(x)}{\sqrt{M\{|\varphi|^2\}}}$$

und ist offenbar normiert. So ist z. B., wenn n eine positive ganze Zahl bedeutet, $\sqrt{2}\cos nx$ eine normierte Funktion in $0 \leqq x \leqq 2\pi$ und allgemeiner in jedem Intervall $a \leqq x \leqq a + 2\pi$.

13. Eine (endliche oder unendliche) Menge von in $a \leqq x \leqq b$ stetigen Funktionen

$$\varphi(x),\quad \psi(x),\quad \ldots$$

heißt ein *Orthogonalsystem*, wenn je zwei der Funktionen zueinander orthogonal sind. Es wird außerdem *normiert* genannt, wenn jede Funktion des Systems im obigen Sinne normiert ist.

Ein normiertes Orthogonalsystem ist somit ein Funktionensystem, für welches die Relation

$$M\{\varphi\,\overline{\psi}\} = 0$$

für zwei beliebige verschiedene Funktionen des Systems und die Relation

$$M\{\varphi\,\overline{\varphi}\} = M\{|\varphi|^2\} = 1$$

für jede einzelne Funktion des Systems besteht.

Beispiel. Das Funktionensystem

$$e^{inx}, \qquad\qquad n = 0,\ \pm 1,\ \pm 2,\ \ldots$$

ist ein normiertes Orthogonalsystem in $0 \leqq x \leqq 2\pi$ oder allgemeiner in jedem Intervall $a \leqq x \leqq a + 2\pi$ der Länge 2π. In der Tat gilt

$$M\{e^{inx}\,e^{-imx}\} = 0 \ \text{für} \ n \neq m$$

und

$$M\{e^{inx}\,e^{-inx}\} = M\{1\} = 1 \ \text{für jedes} \ n.$$

Jede Teilmenge des betrachteten Systems ist offenbar wieder ein normiertes Orthogonalsystem; das ganze System ist aber „vollständig" in dem Sinne, daß es nicht als Teilsystem in einem umfassenderen normierten Orthogonalsystem enthalten ist. Auf diese wichtige Eigenschaft des Systems wird später ausführlich eingegangen.

Fourierkonstanten bezüglich eines normierten Orthogonalsystems. Ihre Minimaleigenschaft. BESSELsche Formel und BESSELsche Ungleichung.

14. Es bezeichne $\{\varphi(x)\}$ ein in $a \leqq x \leqq b$ normiertes Orthogonalsystem und $F(x) = U(x) + iV(x)$ eine beliebige in $a \leqq x \leqq b$ stetige Funktion. Als die *Fourierkonstante* von $F(x)$ bezüglich einer der Funktionen $\varphi(x)$ unseres Orthogonalsystems bezeichnen wir die Zahl

$$F_\varphi = M\{F(x)\,\overline{\varphi(x)}\} = \frac{1}{b-a}\int_a^b F(x)\,\overline{\varphi(x)}\,dx.$$

Dem System $\{\varphi(x)\}$ entnehmen wir nun eine gewisse endliche Anzahl von Funktionen $\varphi_1(x),\ \varphi_2(x),\ \ldots,\ \varphi_n(x)$, und unter Benutzung beliebiger komplexer Konstanten $c_1, c_2, \ldots, c_n$ bilden wir die Summe

$$S(x) = c_1\varphi_1(x) + c_2\varphi_2(x) + \cdots + c_n\varphi_n(x).$$

Nunmehr stellen wir das folgende

Problem. Es sind die Konstanten $c_1, c_2, \ldots, c_n$ so zu wählen, daß die Summe $S(x)$ die gegebene Funktion $F(x)$ *im Sinne der Methode der kleinsten Quadrate* möglichst gut annähert, d. h. so, daß der Mittelwert

$$M\{|F(x) - S(x)|^2\} = \frac{1}{b-a}\int_a^b |F(x) - S(x)|^2\,dx$$

möglichst klein ausfällt.

Es wird sich zeigen, daß dieses Problem eine und nur eine Lösung besitzt.

Durch direktes Ausrechnen (unter Verwendung der Identität $|A|^2 = A\overline{A}$) erhalten wir

$$M\{|F-S|^2\} = M\left\{\left(F(x) - \sum_{\nu=1}^{n} c_\nu \varphi_\nu(x)\right)\left(\overline{F(x)} - \sum_{\nu=1}^{n} \overline{c_\nu}\, \overline{\varphi_\nu(x)}\right)\right\}$$

$$= M\{F\overline{F}\} - \sum_{\nu=1}^{n} \overline{c_\nu}\, M\{F\overline{\varphi_\nu}\} - \sum_{\nu=1}^{n} c_\nu M\{\overline{F}\varphi_\nu\}$$

$$+ \sum_{\nu_1=1}^{n} \sum_{\nu_2=1}^{n} c_{\nu_1} \overline{c_{\nu_2}}\, M\{\varphi_{\nu_1} \overline{\varphi_{\nu_2}}\},$$

also wegen

$$M\{\varphi_{\nu_1} \overline{\varphi_{\nu_2}}\} = \begin{cases} 0 & \text{für } \nu_1 \neq \nu_2 \\ 1 & \text{für } \nu_1 = \nu_2 \end{cases}$$

$$M\{|F-S|^2\} = M\{|F|^2\} - \sum_{1}^{n} \overline{c_\nu} F_{\varphi_\nu} - \sum_{1}^{n} c_\nu \overline{F_{\varphi_\nu}} + \sum_{\nu=1}^{n} c_\nu \overline{c_\nu}$$

$$= M\{|F|^2\} + \sum_{1}^{n} (c_\nu - F_{\varphi_\nu})(\overline{c_\nu} - \overline{F_{\varphi_\nu}}) - \sum_{1}^{n} F_{\varphi_\nu} \overline{F_{\varphi_\nu}}.$$

Somit erhalten wir die einfache Formel

$$M\{|F(x) - S(x)|^2\} = M\{|F(x)|^2\} - \sum_{1}^{n} |F_{\varphi_\nu}|^2 + \sum_{1}^{n} |c_\nu - F_{\varphi_\nu}|^2.$$

Diese Formel gibt uns nun die Lösung des gestellten Problems; sie zeigt nämlich, daß der Mittelwert

$$M\{|F(x) - S(x)|^2\}$$

möglichst klein ausfällt, *wenn als Konstanten $c_1, c_2, \ldots, c_n$ gerade die Fourierkonstanten $F_{\varphi_1}, F_{\varphi_2}, \ldots, F_{\varphi_n}$ gewählt werden*. In diesem Fall und nur in diesem erhält nämlich das letzte Glied der Formel (das einzige, in das die Konstanten c_ν eingehen) seinen kleinstmöglichen Wert 0.

Diese *Minimaleigenschaft* zeigt deutlich die Bedeutung der Fourierkonstanten. Bemerkenswert ist, daß die Lösung des Problems eindeutig ist, und daß der Wert, den man der einzelnen Konstanten c_ν geben muß, nur von der zugehörigen Funktion $\varphi_\nu(x)$ abhängt und nicht von den übrigen Funktionen des Systems.

15. Werden in dem obigen Resultat für die Konstanten c_ν gerade die Fourierkonstanten F_{φ_ν} eingesetzt, ergibt sich die BESSELsche *Formel*

$$M\left\{\left|F(x) - \sum_{1}^{n} F_{\varphi_\nu} \varphi_\nu(x)\right|^2\right\} = M\{|F(x)|^2\} - \sum_{1}^{n} |F_{\varphi_\nu}|^2.$$

Da hier der Ausdruck auf der linken Seite offenbar ≥ 0 ist, erhalten wir als Corollar die BESSELsche *Ungleichung*

$$\sum_1^n |F_{\varphi_\nu}|^2 \leq M\{|F(x)|^2\}.$$

Dies gilt also für eine beliebige Anzahl beliebig ausgewählter Funktionen $\varphi_\nu(x)$ unseres Systems.

Fourierreihen periodischer Funktionen.

16. Wir gehen nun dazu über, das wichtigste aller Orthogonalsysteme, nämlich das schon erwähnte im Intervalle $0 \leq x \leq 2\pi$ normierte Orthogonalsystem

$$e^{inx}, \qquad\qquad n = 0, \pm 1, \pm 2 \ldots$$

näher zu studieren.

Mit $P(x)$ (sowie später $P_1(x), \ldots$) bezeichnen wir eine beliebige stetige Funktion der Periode 2π. Als $n$ten Fourierkoeffizient von $P(x)$ bezeichnen wir die Zahl

$$a_n = M\{P(x)\, e^{-inx}\} = \frac{1}{2\pi} \int_0^{2\pi} P(x)\, e^{-inx}\, dx\,,$$

und die mit diesen Koeffizienten a_n gebildete trigonometrische Reihe $\sum_{-\infty}^{\infty} a_n\, e^{inx}$ bezeichnen wir als die *Fourierreihe* von $P(x)$. Wir benutzen hierfür die kurze Schreibweise

$$P(x) \sim \sum a_n\, e^{inx}\,.$$

Wir betonen ausdrücklich, daß es sich vorläufig um eine rein formale Zuordnung handelt; von einer Ordnung der Glieder, geschweige denn von Konvergenz der Reihe od. dgl., ist zunächst keine Rede.

17. Als Begründung dafür, gerade diese Zahlen a_n als Koeffizienten zu wählen, können wir folgendes anführen:

$1°$. Die *Minimaleigenschaft* von § 14, nach welcher jede endliche Summe $\sum^* a_n e^{inx}$ von Gliedern aus der Fourierreihe die Funktion $P(x)$ „im Mittel" besser approximiert als irgendeine andere lineare Kombination $\sum^* c_n e^{inx}$ von denselben Funktionen e^{inx}, in dem Sinne, daß

$$M\{|P(x) - \sum{}^* a_n e^{inx}|^2\} < M\{|P(x) - \sum{}^* c_n e^{inx}|^2\}\,,$$

sobald nicht $c_n = a_n$ für alle betreffenden Werte von n.

Im folgenden soll stets $\sum^* \ldots$ für endliche Summen vorbehalten sein.

$2°$. Wenn wir formal

$$P(x) = \sum_{-\infty}^{\infty} b_n\, e^{inx}$$

ansetzen, so erhalten wir nach Multiplikation mit e^{-inx} und Mittelwertbildung eben

$$M\{P(x)\,e^{-inx}\} = b_n\,.$$

Es gibt aber einen besonders wichtigen Fall, wo diese formale Rechnung zulässig ist; dies lehrt folgender

Spezieller Satz. Falls $P(x)$ in eine trigonometrische Reihe $\sum b_n e^{inx}$ entwickelt werden kann, welche (in irgendeiner Ordnung ihrer Glieder) für alle x *gleichmäßig konvergiert*, so muß diese Reihe gerade die Fourierreihe von $P(x)$ sein.

In diesem Fall ist nämlich auch die durch Multiplikation mit e^{-inx} entstehende Reihe gleichmäßig konvergent; die gliedweise Integration ist somit erlaubt und ergibt eben $a_n = b_n$ für jedes n.

Aus späteren Gründen sprechen wir diesen Satz auch in der folgenden Form aus: Falls eine trigonometrische Reihe $\sum b_n e^{inx}$ (in irgendeiner Ordnung ihrer Glieder) gleichmäßig konvergiert mit der Summe $S(x)$, so ist sie gerade die Fourierreihe dieser Summe $S(x)$.

Z. B. ist ein „trigonometrisches Polynom" $\sum^* b_n e^{inx}$ die Fourierreihe ihrer Summe $S(x)$.

Das Rechnen mit Fourierreihen.

18. Wir gehen nun dazu über, die Beziehung zwischen Funktionen $P(x)$ und ihren Fourierreihen zu untersuchen, zunächst von einem ziemlich *formalen* Standpunkt. Wir wollen nämlich zeigen, daß einfache Operationen mit Funktionen $P(x)$ zu entsprechenden formalen Operationen mit ihren Fourierreihen parallel laufen.

Aus $P(x) \sim \sum a_n e^{inx}$ folgen zunächst die einfachen Formeln

$$(1) \qquad\qquad k\,P(x) \sim \sum k\,a_n \cdot e^{inx}\,,$$

wo k eine beliebige komplexe Konstante bedeutet. In der Tat ist

$$M\{k\,P(x)\,e^{-inx}\} = k\,M\{P(x)\,e^{-inx}\} = k\,a_n\,.$$

$$(2) \qquad e^{imx}\,P(x) \sim \sum a_n e^{i(m+n)x}\,, \quad \text{d. h.} \quad \sum a_{n-m}\,e^{inx}\,.$$

Denn

$$M\{e^{imx}\,P(x)\,e^{-inx}\} = M\{P(x)\,e^{-i(n-m)x}\} = a_{n-m}\,.$$

$$(3) \qquad P(x+k) \sim \sum a_n e^{in(x+k)}\,, \quad \text{d. h.} \quad \sum a_n e^{ink} \cdot e^{inx}\,,$$

wo k eine beliebige reelle Konstante bedeutet. Denn

$$M\{P(x+k)\,e^{-inx}\} = e^{ink}\,M\{P(x+k)\,e^{-in(x+k)}\}$$

also, indem wir $x + k = x'$ setzen,

$$= e^{ink}\,M\{P(x')\,e^{-inx'}\} = e^{ink} \cdot a_n\,.$$

$$(4) \qquad \overline{P(x)} \sim \sum \overline{a_n}\,e^{-inx}\,, \quad \text{d. h.} \quad \sum \overline{a_{-n}}\,e^{inx}$$

Denn

$$M\{\overline{P(x)}\,e^{-inx}\} = \overline{M\{P(x)\,e^{inx}\}} = \overline{a_{-n}}\,.$$

Aus $P_1(x) \sim \sum a_n e^{inx}$ und $P_2(x) \sim \sum b_n e^{inx}$ folgt ferner

$$(5) \qquad\qquad P_1(x) + P_2(x) \sim \sum (a_n + b_n)\, e^{inx}\,.$$

Denn

$$M\{(P_1(x) + P_2(x))\,e^{-inx}\} = M\{P_1(x)\,e^{-inx}\} + M\{P_2(x)\,e^{-inx}\} = a_n + b_n\,.$$

[Aus den Formeln (1) und (5) folgt z. B., daß die Fourierreihe der Differenz $P_1(x) - P_2(x)$ durch formale Subtraktion der Fourierreihen von $P_1(x)$ und $P_2(x)$ entsteht.]

19. Von den obigen Formeln behandeln zwei, nämlich (1) und (2), die Multiplikation einer beliebigen periodischen Funktion $P(x)$ mit einer ganz speziellen solchen Funktion. Wesentlich tiefer als diese beiden Sätze liegt der folgende *allgemeine Multiplikationssatz*

$$(6) \qquad\qquad P_1(x)\,P_2(x) \sim \sum c_n\, e^{inx} \quad \text{mit} \quad c_n = \sum_{\mu+\nu=n} a_\mu\, b_\nu\,.$$

Diese Formel ist richtig, kann aber erst später (in §§ 27—29) bewiesen werden.

20. Einfach und wichtig für eine spätere Anwendung ist es, die Fourierreihe der sog. *„gefalteten Funktion"*

$$Q(x) = \underset{t}{M}\{P_1(x + t)\, P_2(t)\} = \frac{1}{2\pi} \int_0^{2\pi} P_1(x + t)\, P_2(t)\, dt$$

zu finden. Diese Funktion $Q(x)$ ist offenbar wieder eine stetige periodische Funktion der Periode 2π, und es gilt die Formel

$$(7) \qquad\qquad Q(x) = \underset{t}{M}\{P_1(x + t)\, P_2(t)\} \sim \sum a_n\, b_{-n}\, e^{inx}\,.$$

Dies folgt sofort durch einfache Vertauschung der Integrationsreihenfolge. In der Tat ergibt sich

$$\underset{x}{M}\{Q(x)\,e^{-inx}\} = \underset{x}{\underset{t}{M}}\{\underset{t}{M}\{P_1(x + t)\, P_2(t)\}\, e^{-inx}\}$$

$$= \underset{t}{M}\{P_2(t)\, \underset{x}{M}\{P_1(x + t)\, e^{-inx}\}\} = \underset{t}{M}\{P_2(t)\, a_n\, e^{int}\}$$

$$= a_n\, \underset{t}{M}\{P_2(t)\, e^{int}\} = a_n\, b_{-n}\,.$$

Besonders wichtig für die Anwendungen ist ein spezieller Fall. Für $P_1(x) = P(x) \sim \sum a_n e^{inx}$ und $P_2(x) = \overline{P(x)} \sim \sum \overline{a_{-n}}\, e^{inx}$ ergibt sich die Formel

$$(8) \quad Q(x) = \underset{t}{M}\{P(x + t)\, \overline{P(t)}\} \sim \sum a_n\, \overline{a_{+n}}\, e^{inx}. \quad \text{d. h.} \quad \sum |a_n|^2\, e^{inx}\,.$$

Die beiden Formeln (7) und (8) sind deshalb besonders interessant, weil man zu ihrer **formalen** Herleitung des Multiplikationssatzes bedarf [Aufstellung der Fourierreihe für die Funktion $F(t) = P_1(x + t) P_2(t)$ bzw. $P(x + t) \overline{P(t)}$]. Man hätte daher erwarten dürfen, daß die Formeln (7) und (8) ebenso tief liegen würden wie (6). Dies ist also, wie wir gesehen haben, nicht der Fall. Übrigens werden wir späterhin einen Beweis des Multiplikationssatzes eben auf Grund der Formel (7) führen.

21. Ist eine Folge von periodischen Funktionen

$$P_m(x) \sim \sum a_n^{(m)} e^{inx}$$

gegeben, die für $m \to \infty$ gleichmäßig für alle x einer Grenzfunktion $P(x)$ zustrebt, so ist

(9)
$$P(x) = \lim_{m \to \infty} P_m(x) \sim \lim_{m \to \infty} \sum a_n^{(m)} e^{inx}$$

Dies ist so zu verstehen, daß, wenn $P(x) \sim \sum a_n e^{inx}$ ist, bei jedem n

$$a_n = \lim_{m \to \infty} a_n^{(m)}$$

gilt, übrigens gleichmäßig für alle n.

Der Beweis ergibt sich sogleich aus der Formel

$$a_n - a_n^{(m)} = M\{(P(x) - P_m(x)) e^{-inx}\}.$$

Wird $\varepsilon > 0$ beliebig gegeben, so gibt es dazu ein $M = M(\varepsilon)$, so daß, sobald $m > M$,
$$|P(x) - P_m(x)| < \varepsilon \quad \text{für alle } x.$$

Hieraus folgt aber, daß

$$|a_n - a_n^{(m)}| < M\{\varepsilon \cdot 1\} = \varepsilon \quad \text{für } m > M \text{ und alle } n.$$

22. Es sei $P(x) \sim \sum a_n e^{inx}$ und

$$P_1(x) = \int P(x)\, dx$$

ein beliebiges *unbestimmtes Integral* von $P(x)$. Da bei beliebigem x

$$P_1(x + 2\pi) - P_1(x) = \int_x^{x+2\pi} P(\xi)\, d\xi = 2\pi a_0,$$

so wird $P_1(x)$ periodisch mit der Periode 2π dann und nur dann sein, wenn $a_0 = 0$ ist. In diesem Fall gilt die Formel

(10)
$$P_1(x) \sim C + \sum_{n \neq 0} \frac{a_n}{in} e^{inx}.$$

Bei partieller Integration ergibt sich nämlich für $n \neq 0$

$$M\{P_1(x) e^{-inx}\} = \frac{1}{2\pi} \int_0^{2\pi} P_1(x) e^{-inx}\, dx$$

$$= \frac{1}{2\pi} \left[P_1(x) \frac{e^{-inx}}{-in} \right]_0^{2\pi} + \frac{1}{in} \cdot \frac{1}{2\pi} \int_0^{2\pi} P(x) e^{-inx}\, dx = 0 + \frac{a_n}{in}.$$

Zwei fundamentale Sätze. Der Eindeutigkeitssatz und die PARSEVALsche Gleichung.

23. Bei der näheren Untersuchung des Zusammenhangs einer Funktion $P(x)$ mit ihrer Fourierreihe erhebt sich zunächst die fundamentale Frage, *ob eine Funktion durch ihre Fourierreihe eindeutig bestimmt ist,* d. h. ob zu zwei verschiedenen Funktionen $P_1(x)$ und $P_2(x)$ immer verschiedene Fourierreihen gehören. Die (bejahende) Antwort auf diese Frage wird durch den weiter unten zu beweisenden *Eindeutigkeitssatz* gegeben. An dieser Stelle begnügen wir uns damit, eine andere Formulierung des Satzes zu geben. Hierzu sei

$$P_1(x) \sim \sum b_n e^{inx} \quad \text{und} \quad P_2(x) \sim \sum c_n e^{inx};$$

dann ist, wie früher bemerkt,

$$P(x) = P_1(x) - P_2(x) \sim \sum (b_n - c_n) e^{inx}.$$

Die beiden Funktionen $P_1(x)$ und $P_2(x)$ haben also dann und nur dann dieselbe Fourierreihe, wenn für die Funktion $P(x) = P_1(x) - P_2(x)$ alle Fourierkonstanten gleich Null sind. Hiernach läßt sich der Eindeutigkeitssatz auch so formulieren: *Es gibt keine nicht identisch verschwindende Funktion $P(x)$, für welche alle Fourierkonstanten a_n gleich* 0 *sind.* Mit anderen Worten (da man jede nicht identisch verschwindende Funktion $P(x)$ durch Multiplikation mit einer passenden Konstanten normieren kann), es gibt keine Funktion $P(x)$, welche den folgenden beiden Bedingungen genügt

$$M\{P(x) e^{-inx}\} = 0, \qquad n = 0, \pm 1, \pm 2, \ldots,$$
$$M\{|P(x)|^2\} = 1.$$

In dieser Form besagt der Eindeutigkeitssatz einfach, daß das normierte Orthogonalsystem $\{e^{inx}\}$ nicht durch Hinzufügung neuer periodischer Funktionen der Periode 2π erweitert werden kann; es ist *vollständig.*

24. Es bezeichne wieder $P(x) \sim \sum a_n e^{inx}$ eine beliebige (stetige) periodische Funktion der Periode 2π.

Aus der BESSELschen Formel

$$M\{|P(x) - \sum{}^* a_n e^{inx}|^2\} = M\{|P(x)|^2\} - \sum{}^* |a_n|^2$$

(wo $\sum^* \ldots$ die Summe einer beliebigen endlichen Anzahl von Gliedern bezeichnet) ergibt sich die BESSELsche Ungleichung

$$\sum{}^* |a_n|^2 \leqq M\{|P(x)|^2\}.$$

Also muß *die unendliche Reihe* (mit nichtnegativen Gliedern)

$$\sum_{-\infty}^{\infty} |a_n|^2$$

konvergent sein, und zwar mit einer Summe

$$\leqq M\{|P(x)|^2\}.$$

[Speziell gilt also $a_n \to 0$ für $|n| \to \infty$.] Wir schreiben

$$D = M\{|P(x)|^2\} - \sum_{-\infty}^{\infty} |a_n|^2 \geqq 0.$$

Von fundamentaler Bedeutung ist dann die Frage, *ob $D > 0$ oder $D = 0$ ist*.

1°. Ist $D = 0$, so können wir zu jedem $\varepsilon > 0$ eine endliche Summe $\sum^* |a_n|^2$ von Gliedern aus der Reihe $\sum_{-\infty}^{\infty} |a_n|^2$ so wählen, daß

$$M\{|P(x)|^2\} - \sum^* |a_n|^2 < \varepsilon,$$

d. h.

$$M\{|P(x) - \sum^* a_n e^{inx}|^2\} < \varepsilon,$$

und $P(x)$ läßt sich somit durch trigonometrische Polynome mit beliebiger Genauigkeit im Mittel approximieren.

2°. Ist aber $D > 0$, so gilt für jedes trigonometrische Polynom $\sum^* c_n e^{inx}$ mit beliebigen Koeffizienten nach der Minimaleigenschaft der Fourierkonstanten

$$M\{|P(x) - \sum^* c_n e^{inx}|^2\} \geqq M\{|P(x) - \sum^* a_n e^{inx}|^2\},$$

und also nach der BESSELschen Formel

$$M\{|P(x) - \sum^* c_n e^{inx}|^2\} \geqq M\{|P(x)|^2\} - \sum^* |a_n|^2$$

$$\geqq M\{|P(x)|^2\} - \sum_{-\infty}^{\infty} |a_n|^2 = D > 0,$$

so daß in diesem Falle $P(x)$ **nicht** mit beliebiger Genauigkeit durch trigonometrische Polynome im Mittel angenähert werden kann (in der Tat nicht mit einem Fehler kleiner als D).

Wir werden unten den Beweis dafür erbringen, *daß immer $D = 0$ ist*, d. h. daß für jede Funktion $P(x)$ die „PARSEVALsche Gleichung"

$$\sum_{-\infty}^{\infty} |a_n|^2 = M\{|P(x)|^2\}$$

besteht. Nach dem oben Gesagten ist dieser Satz mit dem folgenden äquivalent: *Jede stetige Funktion $P(x)$ der Periode 2π läßt sich im Mittel beliebig gut durch trigonometrische Polynome $\sum^* c_n e^{inx}$ approximieren.*

25. Bevor wir die beiden genannten fundamentalen Sätze beweisen, wollen wir zunächst ihre gegenseitige Beziehung diskutieren. Die beiden Sätze zeigen sich in der Tat als äquivalent. Um dies einzusehen, beweisen wir zunächst:

1°. *Aus der PARSEVALschen Gleichung folgt der Eindeutigkeitssatz.*

Aus diesem Grund wird die PARSEVALsche Gleichung auch häufig als „*Vollständigkeitsrelation*" bezeichnet.

Beweis. Es seien für eine Funktion $P(x)$ alle Fourierkonstanten a_n gleich 0; dann folgt aus der PARSEVALschen Gleichung

$$M\{|P(x)|^2\} = \sum_{-\infty}^{\infty} |a_n|^2,$$

daß $M\{|P(x)|^2\} = 0$ ist, so daß offenbar $P(x)$ identisch verschwinden muß.

Ebenso leicht (aber weniger trivial) ist der Beweis für die Umkehrung:

2°. *Aus dem Eindeutigkeitssatz folgt die* PARSEVAL*sche Gleichung.*

Beweis. Ausgehend von $P(x) \sim \sum a_n e^{inx}$ bilden wir (nach Formel (8) in § 20) die Funktion

$$Q(x) = M_t\{P(x+t)\,\overline{P(t)}\} \qquad \sum |a_n|^2 e^{inx}.$$

Da nun die Reihe $\sum |a_n|^2$ konvergent ist (mit einer Summe $\leq M\{|P(x)|^2\}$), so ist die letzte Reihe $\sum |a_n|^2 e^{inx}$ (in jeder Ordnung der Glieder) gleichmäßig konvergent für alle x und ist deshalb die Fourierreihe ihrer Summe $S(x)$. Die beiden Funktionen $Q(x)$ und $S(x)$ haben somit dieselbe Fourierreihe (nämlich $\sum |a_n|^2 e^{inx}$); also ist, nach dem Eindeutigkeitssatz, $Q(x) = S(x)$, d. h.

$$Q(x) = \sum |a_n|^2 e^{inx}.$$

Wählen wir in dieser Gleichung speziell $x = 0$, so ergibt sich

$$Q(0) = M_t\{P(t)\,\overline{P(t)}\} = M\{|P(t)|^2\} = \sum |a_n|^2,$$

d. h. die PARSEVALsche Gleichung.

Der LEBESGUEsche Beweis des Eindeutigkeitssatzes.

26. Um die beiden Hauptsätze zu beweisen, genügt es nach dem Obigen die Richtigkeit eines von ihnen darzutun. Wir geben hier einen von LEBESGUE herrührenden Beweis für den Eindeutigkeitssatz.

Für den Gang der Entwicklungen wäre es nicht nötig gewesen, diesen Beweis zu bringen; in der Tat folgen die beiden Hauptsätze auch aus dem unten zu beweisenden FEJÉRschen Satz. Übrigens gibt es in der allgemeinen Theorie der fastperiodischen Funktionen keinen diesem einfachen LEBESGUE-schen Beweis entsprechenden Beweis des dortigen Eindeutigkeitssatzes.

Es seien für eine stetige Funktion $P(x)$ der Periode 2π alle Fourierkoeffizienten gleich Null, d. h. es sei

$$M\{P(x)\,e^{-inx}\} = 0 \text{ für alle } n.$$

Es ist zu beweisen, daß dann $P(x)$ identisch Null ist.

Es ist keine Beschränkung der Allgemeinheit, $P(x)$ reell anzunehmen; wenn nämlich alle Fourierkonstanten von $P(x)$ gleich Null sind, so gilt dasselbe für die konjugierte Funktion $\overline{P(x)}$ und somit auch für die beiden Funktionen $\frac{1}{2}\left(P(x) + \overline{P(x)}\right)$ und $\frac{1}{2i}\left(P(x) - \overline{P(x)}\right)$, die den reellen und imaginären Teil von $P(x)$ darstellen. Diese beiden Funktionen können aber nur dann identisch verschwinden, wenn $P(x)$ identisch Null ist.

Wir führen den Beweis indirekt und nehmen also an, daß $P(x)$ nicht identisch Null ist; es sei etwa $P(x_0) \neq 0$. Es ist keine Beschränkung der Allgemeinheit, $x_0 = 0$ und $P(0) > 0$ anzunehmen; sonst ersetze man $P(x)$ durch $P(x + x_0)$ oder $-P(x + x_0)$. Es sei nun $d\,(< \pi)$ so klein gewählt, daß $P(x) > c > 0$ für $-d < x < d$. Wir wollen dann ein trigonometrisches Polynom $Q(x) = \sum^* c_n e^{inx}$ konstruieren, das nur reelle Werte annimmt, und das die Umgebung von $x = 0$ besonders hervorhebt. Hierzu betrachten wir zunächst die Funktion

$$\psi(x) = \cos x + (1 - \cos d).$$

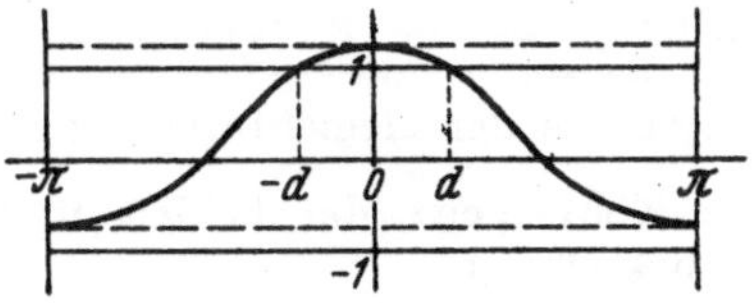

Diese Funktion erfüllt die folgenden Bedingungen:

Fig. 1.

1°. Es ist $\psi(d) = \psi(-d) = 1$.

2°. Es ist $|\psi(x)| < 1$ für $-\pi < x < -d$ und $d < x < \pi$.

3°. Es ist $\psi(x) > 1$ für $-d < x < d$ und also speziell

$$\psi(x) > g > 1 \quad \text{für} \quad -\frac{d}{2} < x < \frac{d}{2}.$$

Wir wählen nunmehr $Q(x) = (\psi(x))^N$, wobei N irgendeine positive ganze Zahl bedeutet. Wegen $\cos x = \frac{1}{2}(e^{ix} + e^{-ix})$ ist $(\psi(x))^N$ ein trigonometrisches Polynom, also $(\psi(x))^N = \sum^* c_n e^{inx}$. Hieraus folgt aber, da $P(x)$ nach Voraussetzung zu allen Funktionen e^{inx} orthogonal ist, daß $P(x)$ auch zu $(\psi(x))^N$ orthogonal ist, d. h. (da beide Funktionen reell sind) daß

$$\int\limits_{-\pi}^{\pi} P(x)\,(\psi(x))^N\,dx = 0$$

ist. Dies führt aber für hinreichend große N zu einem Widerspruch. Bezeichnen wir nämlich mit K die obere Grenze von $|P(x)|$, so gilt für jeden Wert von N·

$$\int\limits_{-\pi}^{\pi} P(x)\,(\psi(x))^N\,dx = \int\limits_{-\pi}^{-d} + \int\limits_{-d}^{-\frac{d}{2}} + \int\limits_{-\frac{d}{2}}^{\frac{d}{2}} + \int\limits_{\frac{d}{2}}^{d} + \int\limits_{d}^{\pi} P(x)\,(\psi(x))^N\,dx$$

$$> -(\pi - d)\,K + 0 + d\,c\,g^N + 0 - (\pi - d)\,K > d\,c\,g^N - 2\pi K.$$

In dieser Ungleichung ist aber die rechte Seite $d\,c\,g^N - 2\pi K$ sicher > 0, sobald N hinreichend groß ist (sie strebt ja sogar gegen $+\infty$ für $N \to \infty$). Hiermit ist also der Eindeutigkeitssatz bewiesen.

Der Multiplikationssatz.

27. Nachdem wir den Eindeutigkeitssatz und damit auch die PARSEVAL-sche Gleichung bewiesen haben, werden wir jetzt den allgemeinen Multiplikationssatz (6) aus § 19 beweisen, und zwar wollen wir zeigen, daß dieser Satz mit den beiden (untereinander äquivalenten) Hauptsätzen vollständig äquivalent ist.

Der allgemeine Multiplikationssatz besagt: Wenn $P_1(x) \sim \sum a_n e^{inx}$ und $P_2(x) \sim \sum b_n e^{inx}$, so ist

$$(6) \qquad P_1(x)P_2(x) \sim \sum c_n e^{inx} \quad \text{mit} \quad c_n = \sum_{\mu+\nu=n} a_\mu b_\nu,$$

d. h. es gilt für jeden Wert von n

$$M\{P_1(x)\,P_2(x)\,e^{-inx}\} = \sum_{\mu+\nu=n} a_\mu b_\nu = \sum_{\mu=-\infty}^{\infty} a_\mu b_{n-\mu}.$$

Hierzu sei zunächst bemerkt, daß für jeden Wert von n die auftretende

Reihe $\sum\limits_{\mu+\nu=n} a_\mu b_\nu = \sum\limits_{\mu=-\infty}^{\infty} a_\mu b_{n-\mu}$ absolut konvergent ist. Dies ergibt sich

sofort aus der elementaren Ungleichung $|ab| \leq \tfrac{1}{2}(|a|^2 + |b|^2)$, indem man

die Konvergenz der beiden Reihen $\sum\limits_{\mu=-\infty}^{\infty} |a_\mu|^2$ und $\sum\limits_{\nu=-\infty}^{\infty} |b_\nu|^2 = \sum\limits_{\mu=-\infty}^{\infty} |b_{n-\mu}|^2$
berücksichtigt.

Ferner bemerken wir, daß es hinreichend ist, den speziellen Fall $n = 0$ zu betrachten, wo es sich um das **konstante** Glied der Fourierreihe, also um die Gleichung

$$(*) \qquad M\{P_1(x)\,P_2(x)\} = \sum_{\mu+\nu=0} a_\mu b_\nu = \sum_\mu a_\mu b_{-\mu}$$

handelt. Wenn nämlich diese Gleichung richtig ist, so können wir einfach $P_2(x)$ durch die Funktion $P_2(x)e^{-inx} \sim \sum\limits_\mu b_{n+\mu} e^{i\mu x}$ ersetzen und erhalten dann die allgemeinere Gleichung

$$M\{P_1(x)\,P_2(x)\,e^{-inx}\} = \sum_{\mu=-\infty}^{\infty} a_\mu b_{n-\mu}.$$

28. Wir gehen nunmehr zu dem eigentlichen Beweis über.

$1°$. *Aus dem Multiplikationssatz folgt die* PARSEVAL*sche Gleichung* (und somit auch der Eindeutigkeitssatz).

Wählt man nämlich speziell $P_2(x) = \overline{P_1(x)} \sim \sum \overline{a_{-n}} e^{inx}$, so ergibt sich aus (*) die Gleichung

$$M\{P_1(x)\,\overline{P_1(x)}\} = \sum_\mu a_\mu \overline{a_{+\mu}},$$

d. h. gerade die PARSEVALsche Gleichung

$$M\{|P_1(x)|^2\} = \sum_\mu |a_\mu|^2$$

$2°$. *Aus dem Eindeutigkeitssatz* (und somit auch aus der PARSEVALschen Gleichung) *folgt der Multiplikationssatz.*

Der Beweis ist völlig analog zu einem früheren Beweis. Wir bilden (nach Formel (7) in § 20) die Funktion

$$Q(x) = M_t\{P_1(x+t)\,P_2(t)\} \sim \sum_\mu a_\mu b_{-\mu} e^{i\mu x}.$$

Da nun (wie oben bemerkt) die Reihe $\sum\limits_\mu a_\mu b_{-\mu}$ absolut konvergent ist, so ist

die Reihe $\sum\limits_\mu a_\mu b_{-\mu} e^{i\mu x}$ (in jeder Ordnung der Glieder) gleichmäßig konvergent und ist deshalb die Fourierreihe ihrer Summe $S(x)$. Andererseits ist sie die Fourierreihe von $Q(x)$; also ergibt sich, nach dem Eindeutigkeitssatz, daß $Q(x) = S(x)$ ist, d. h. es gilt die Gleichung

$$M_{t}\{P_1(x + t) \cdot P_2(t)\} = \sum_{\mu} a_{\mu} b_{-\mu} e^{i\mu x}.$$

Wählt man hierin $x = 0$, so ergibt sich die gewünschte Relation (*).

29. Zum Schluß wollen wir noch zeigen, wie man mit Hilfe eines einfachen Kunstgriffs den Multiplikationssatz auch aus der (spezielleren) PARSEVALschen Gleichung ableiten kann (ohne den Weg über den Eindeutigkeitssatz zu nehmen). Man hat dazu nur die elementare Identität

$$u v = \tfrac{1}{4}\{|u + \bar{v}|^2 - |u - \bar{v}|^2 + i|u + i\bar{v}|^2 - i|u - i\bar{v}|^2\}$$

heranzuziehen. Wendet man diese auf das Produkt $P_1(x) P_2(x)$ an, so ergibt sich

$$M\{P_1 P_2\}$$
$$= \tfrac{1}{4}[M\{|P_1 + \bar{P}_2|^2\} - M\{|P_1 - \bar{P}_2|^2\} + iM\{|P_1 + i\bar{P}_2|^2\} - iM\{|P_1 - i\bar{P}_2|^2\}].$$

Wendet man nunmehr die PARSEVALsche Gleichung auf die Funktionen $P_1(x) + \overline{P_2(x)}$, $P_1(x) - \overline{P_2(x)}$, $P_1(x) + i\overline{P_2(x)}$ und $P_1(x) - iP_2(x)$ an, deren Fourierreihen nach den Formeln (1), (4) und (5) von § 18 bekannt sind, so ergibt sich, daß in der obigen Relation die rechte Seite

$$= \tfrac{1}{4}\left[\sum_{-\infty}^{\infty}|a_n + \overline{b_{-n}}|^2 - \sum_{-\infty}^{\infty}|a_n - \overline{b_{-n}}|^2 + i\sum_{-\infty}^{\infty}|a_n + i\overline{b_{-n}}|^2 - i\sum_{-\infty}^{\infty}|a_n - i\overline{b_{-n}}|^2\right]$$

ist. Hier können wir nun wieder dieselbe Identität anwenden, jetzt aber in der entgegengesetzten Richtung, und erhalten dann

$$M\{P_1 P_2\} = \sum_{-\infty}^{\infty} a_n \overset{*}{b}_{-n}.$$

Das ist aber eben die gewünschte Relation (*).

Summabilität der Fourierreihe. Der FEJÉRsche Satz.

30. Wir haben gesehen, daß die Fourierreihe $\sum a_n e^{inx}$ einer Funktion $P(x)$ diese Funktion **eindeutig bestimmt**. Diese Tatsache legt die Frage nahe, ob man von der Fourierreihe aus die zugehörige Funktion auch *berechnen* kann. Indem wir zu der Behandlung dieser Frage übergehen, wird es notwendig sein, zunächst eine bestimmte **Ordnung** der Glieder zu wählen (was für die bisherigen Entwicklungen entbehrlich war). Wir nehmen die „natürliche" Ordnung

$$a_0 + (a_1 e^{ix} + a_{-1} e^{-ix}) + \cdots + (a_n e^{inx} + a_{-n} e^{-inx}) + \cdots.$$

Als $n$ter Abschnitt der Reihe soll demnach die Summe

$$s_n(x) = \sum_{-n}^{n} a_\nu e^{i\nu x}$$

gelten. Das Naheliegendste wäre nun, an *Konvergenz* zu denken. Diese Möglichkeit ist aber zu verwerfen; in der Tat gibt es, wie zuerst DU BOIS-REYMOND gezeigt hat, Funktionen $P(x)$, deren Fourierreihe (in der angegebenen Ordnung der Glieder) in einigen Punkten x *divergent* ist.

Dagegen erhält man nach FEJÉR alles, was man wünschen kann, wenn man nicht nach Konvergenz, sondern nach *Summierbarkeit* fragt.

31. Wir erinnern an die Definition der Summierbarkeit (worunter wir hier einfach die Summierbarkeit von der ersten Ordnung im CESÀRO-schen Sinne verstehen). Es sei $\sum_0^\infty u_n$ eine gegebene unendliche Reihe, und es sei $s_n = \sum_{\nu=0}^n u_\nu$ der $n$te Abschnitt der Reihe. Wird nun der Mittelwert

$$S_n = \frac{1}{n}\,(s_0 + s_1 + \cdots + s_{n-1}) = \frac{1}{n}\sum_{\nu=0}^n (n - \nu)\,u_\nu = \sum_{\nu=0}^n \left(1 - \frac{\nu}{n}\right) u_\nu$$

gebildet, so heißt die gegebene Reihe *summierbar mit der Summe U*, falls $S_n \to U$ für $n \to \infty$.

Bemerkung. Summierbarkeit ist ein allgemeinerer Begriff als Konvergenz, d. h. wenn eine Reihe $\sum_0^\infty u_n$ konvergent ist mit der Summe U, so ist sie auch summierbar mit derselben Summe U. Andererseits gibt es aber summierbare Reihen, die nicht konvergent sind.

32. Der FEJÉR*sche Satz* besagt nun das Folgende:
Die Fourierreihe

$$\sum_0^\infty u_n = a_0 + (a_1\,e^{ix} + a_{-1}\,e^{-ix}) + \cdots + (a_n\,e^{inx} + a_{-n}\,e^{-inx}) + \cdots$$

einer stetigen Funktion $P(x)$ der Periode 2π ist immer summierbar, und sogar gleichmäßig summierbar, mit der Summe $P(x)$, d. h. der Mittelwert

$$S_n(x) = \frac{1}{n}\,(s_0(x) + s_1(x) + \cdots + s_{n-1}(x)) = \frac{1}{n}\sum_{\nu=-n}^n (n - |\nu|)\,a_\nu\,e^{i\nu x}$$

$$= \sum_{\nu=-n}^n \left(1 - \frac{|\nu|}{n}\right) a_\nu\,e^{i\nu x}$$

strebt für $n \to \infty$ gleichmäßig für alle x gegen $P(x)$.

Der Beweis beruht auf einer Umformung des Ausdrucks für den Mittelwert $S_n(x)$. Da für einen festen Wert von x

$$P(x + t) \sim \sum a_n\,e^{inx} \cdot e^{int},$$

haben **wir** zunächst für den Abschnitt $s_n(x)$

$$s_n(x) = \sum_{\nu=-n}^n a_\nu\,e^{i\nu x} = \sum_{\nu=-n}^n \underset{t}{M}\{P(x + t)\,e^{-i\nu t}\}$$

$$= \underset{t}{M}\left\{P(x + t)\sum_{\nu=-n}^n e^{-i\nu t}\right\} = \underset{t}{M}\{P(x + t)\,D_n(t)\},$$

wobei der DIRICHLET*sche Kern* $D_n(t)$ durch

$$D_n(t) = \sum_{\nu=-n}^{n} e^{-i\nu t} = \frac{e^{i(n+\frac{1}{2})t} - e^{-i(n+\frac{1}{2})t}}{e^{i\frac{t}{2}} - e^{-i\frac{t}{2}}} = \frac{\sin\left(n + \frac{1}{2}\right)t}{\sin\frac{t}{2}} = \frac{\cos nt - \cos(n+1)t}{2\sin^2\frac{t}{2}}$$

gegeben ist. Entsprechend ergibt sich für den Mittelwert $S_n(x)$, daß

$$S_n(x) = \sum_{\nu=-n}^{n}\left(1 - \frac{|\nu|}{n}\right) a_\nu e^{i\nu x} = M_t\{P(x+t)\,K_n(t)\},$$

wobei der FEJÉR*sche Kern* $K_n(t)$ durch

$$K_n(t) = \sum_{\nu=-n}^{n}\left(1 - \frac{|\nu|}{n}\right) e^{-i\nu t} = \frac{1}{n}\sum_{\nu=-n}^{n}(n - |\nu|)\,e^{-i\nu t}$$

$$= \frac{1}{n}\,(D_0(t) + D_1(t) + \cdots + D_{n-1}(t))$$

$$= \frac{1}{n}\,\frac{1 - \cos nt}{2\sin^2\frac{t}{2}} = \frac{1}{n}\left(\frac{\sin\frac{nt}{2}}{\sin\frac{t}{2}}\right)^2$$

gegeben ist. Von diesen Ausdrücken für $K_n(t)$ sind der erste und (besonders) der letzte wichtig. Aus dem ersten geht hervor, daß

$$M\{K_n(t)\} = 1$$

(weil das konstante Glied gleich 1 ist); aus dem letzten Ausdruck geht hervor, daß — im Gegensatz zu $D_n(t)$ —

$$K_n(t) \geqq 0$$

für alle t. [Ist t ein ganzes Multiplum von 2π, so ist $K_n(t) = n$; ist nt, aber nicht t, ein Multiplum von 2π, so ist $K_n(t) = 0$.]

Es sei nunmehr ein $\varepsilon > 0$ beliebig gegeben. Wir haben zu beweisen, daß

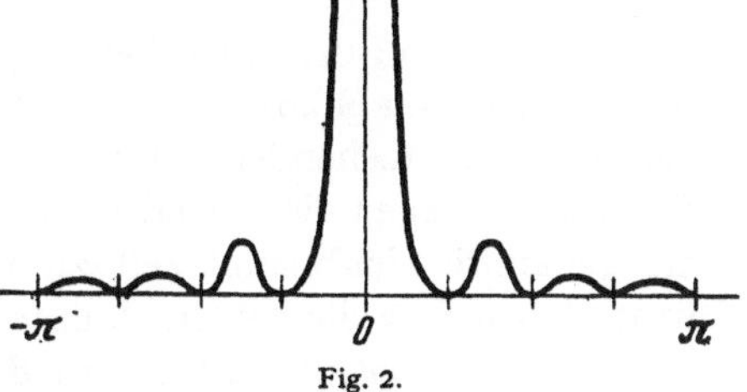

Fig. 2.

$$|S_n(x) - P(x)| < \varepsilon$$

für alle x, sobald $n > N = N(\varepsilon)$. Für ein beliebiges festes x gilt

$$S_n(x) - P(x) = M_t\{P(x+t)\,K_n(t)\} - P(x)\,M_t\{K_n(t)\}$$

$$= M_t\{(P(x+t) - P(x))\,K_n(t)\}.$$

Nun ist $P(x)$ stetig und periodisch; also ist $P(x)$ beschränkt und gleichmäßig stetig, d. h. es ist

$$|P(x)| \leqq C \quad \text{für alle } x$$

und

$$|P(x_1) - P(x_2)| \leqq \eta \quad \text{für} \quad |x_1 - x_2| \leqq \delta = \delta(\eta).$$

Bezeichnen wir also mit $\omega(\delta)$ die obere Grenze von $|P(x_1) - P(x_2)|$ für $|x_1 - x_2| \leq \delta$, so gilt $\omega(\delta) \to 0$ für $\delta \to 0$. Indem wir die genannten Eigenschaften von $K_n(t)$ ausnutzen, erhalten wir nun für ein beliebiges δ $(<\pi)$

$$|S_n(x) - P(x)| \leq \frac{1}{2\pi} \int_{-\pi}^{\pi} |P(x+t) - P(x)| K_n(t)\, dt$$

$$= \frac{1}{2\pi} \left[\int_{-\delta}^{\delta} + \int_{-\pi}^{-\delta} + \int_{\delta}^{\pi} \right] |P(x+t) - P(x)| K_n(t)\, dt$$

$$\leq \frac{1}{2\pi} \left[\omega(\delta) \int_{-\delta}^{\delta} K_n(t)\, dt + 2(\pi - \delta)\, 2C \cdot \frac{1}{n}\, \frac{1}{\sin^2\dfrac{\delta}{2}} \right]$$

$$< \frac{1}{2\pi} \left[\omega(\delta) \int_{-\pi}^{\pi} K_n(t)\, dt + 2\pi \frac{1}{n}\, \frac{2C}{\sin^2\dfrac{\delta}{2}} \right]$$

$$= \omega(\delta) + \frac{1}{n}\, \frac{2C}{\sin^2\dfrac{\delta}{2}}$$

Wir wählen nun zunächst ein festes δ so klein, daß $\omega(\delta) < \varepsilon/2$, und danach ein N so groß, daß $\dfrac{1}{N}\, \dfrac{2C}{\sin^2\dfrac{\delta}{2}} < \dfrac{\varepsilon}{2}$. Dann gilt für $n > N$ (und alle x)

$$|S_n(x) - P(x)| < \frac{\varepsilon}{2} + \frac{\varepsilon}{2} = \varepsilon,$$

womit der Satz bewiesen ist.

33. Es sei ausdrücklich hervorgehoben, daß der Beweis des Fejérschen Satzes unabhängig von den früheren Hauptsätzen geführt wurde; bei den entsprechenden Sätzen in der Theorie der fastperiodischen Funktionen liegen die Verhältnisse anders. Es ist deshalb von Interesse, die genannte Unabhängigkeit zu betonen, weil andererseits aus dem Fejérschen Satz die beiden Hauptsätze direkt gefolgert werden können.

Daß der *Eindeutigkeitssatz* in dem Fejérschen Satz enthalten ist, leuchtet ein, wenn man bemerkt, daß dieser Satz sogar einen *Algorithmus* angibt, um von der Fourierreihe von $P(x)$ aus zu der Funktion $P(x)$ zu gelangen.

Daß die Parsevalsche *Gleichung* in dem Satz enthalten ist, soll sofort gezeigt werden.

Der Weierstrasssche Satz.

34. In dem Fejérschen Satz ist speziell ein klassischer *Satz von* Weierstrass enthalten, der als der eigentliche Hauptsatz der Theorie der (stetigen) periodischen Funktionen gelten kann.

Jede stetige Funktion $P(x)$ der Periode 2π kann gleichmäßig für alle x durch trigonometrische Polynome $\sum^* c_n e^{inx}$ approximiert werden, d. h. zu einem gegebenen $\varepsilon > 0$ läßt sich eine Summe $\sum^* c_n e^{inx}$ so angeben, daß

$$\left| P(x) - \sum^* c_n e^{inx} \right| < \varepsilon$$

für alle x.

Dieser Satz ist unmittelbar in dem FEJÉRschen Satz enthalten und ergibt sich aus diesem, indem man einfach den speziellen Charakter der trigonometrischen Polynome $S_n(x)$ nicht mehr berücksichtigt. Er besagt auch viel weniger als dieser; so sei z. B. erwähnt, daß aus dem FEJÉRschen Satz unmittelbar hervorgeht, daß man in die approximierenden Summen $\sum^* c_n e^{inx}$ nur solche Schwingungen e^{inx} aufzunehmen braucht, welche tatsächlich in der Fourierreihe von $P(x)$ auftreten, d. h. deren Fourierkoeffizienten a_n von Null verschieden sind. Der WEIERSTRASSsche Satz enthält aber schon die PARSEVAL*sche Gleichung*, die ja nur die Möglichkeit einer Approximation von $P(x)$ im Mittel durch trigonometrische Polynome behauptet. Damit

$$M\left\{ \left| P(x) - \sum^* c_n e^{inx} \right|^2 \right\} < \varepsilon$$

sein soll, genügt es offenbar, daß für alle x

$$\left| P(x) - \sum^* c_n e^{inx} \right| < \sqrt{\varepsilon}$$

ist.

35. Für spätere Zwecke empfiehlt es sich, den Satz von WEIERSTRASS in einer unwesentlich verschiedenen Formulierung zur Verfügung zu haben.

Wir betrachten die Menge aller endlichen Summen der Form

$$S(x) = \sum^* c_n e^{inx}$$

(mit beliebigen komplexen Koeffizienten) und erweitern diese Klasse, indem wir zu ihr alle Funktionen $f(x)$ hinzufügen, welche durch solche Summen $S(x)$ *gleichmäßig approximiert* werden können; die so erweiterte Funktionenklasse wollen wir die *abgeschlossene Hülle von* $\{S(x)\}$ nennen und mit $H\{S(x)\}$ bezeichnen.

Dann ist diese Funktionenmenge $H\{S(x)\}$ identisch mit der Klasse aller stetigen periodischen Funktionen $P(x)$ der Periode 2π.

Denn einerseits muß offenbar jede zu $H\{S(x)\}$ gehörige Funktion stetig und periodisch der Periode 2π sein, weil jede Funktion $S(x)$, und somit auch jede gleichmäßige Grenzfunktion von Funktionen $S(x)$, diese Eigenschaften besitzt; und daß andererseits jede stetige, mit der Periode 2π periodische Funktion $P(x)$ zu $H\{S(x)\}$ gehört, ist ja gerade der Inhalt des WEIERSTRASSschen Satzes.

36. Hiermit schließen wir die Theorie der stetigen periodischen Funktionen. Es sei bemerkt, daß man den WEIERSTRASSschen Satz auch ohne den Umweg über die Fourierreihen beweisen kann, und daß dieser Satz dann vielleicht den einfachsten Zugang zu den Hauptsätzen der Fourierreihentheorie bildet. Wenn die hier gegebene Darstellung gewählt wurde, so geschah es darum, weil uns die Theorie der reinperiodischen Funktionen als Vorbild für die jetzt zu entwickelnde Theorie der fastperiodischen Funktionen dienen soll. Dort ist nämlich der Weg über die Theorie der Fourierreihen der natürliche (und bisher einzig gangbare), weil diese Theorie die in den approximierenden Summen $\sum^* c_n e^{i\lambda_n x}$ zu verwendenden Exponenten λ_n in einfacher Weise liefert.

Zwei Bemerkungen.

37. Wir haben bisher in diesem ersten Teil nur stetige periodische Funktionen $P(x)$ betrachtet, und zwar weil wir schon vom Anfang an den Satz von WEIERSTRASS vor Augen gehabt haben, der ja gerade für diese Funktionenklasse eigentümlich ist. Wenn man sich aber nur um die Hauptsätze der Fourierreihentheorie kümmert, so ist zu bemerken, daß diese Sätze auch für allgemeinere Funktionenklassen ihre Gültigkeit behalten; ein einziges hierher gehöriges Ergebnis wird für eine spätere Anwendung innerhalb der Theorie der fastperiodischen Funktionen nötig sein.

Es sei $P(x)$ periodisch mit der Periode 2π und stetig überall *mit Ausnahme von den Punkten* $0, \pm 2\pi, \pm 4\pi, \ldots$, wo $P(x)$ „Sprünge"

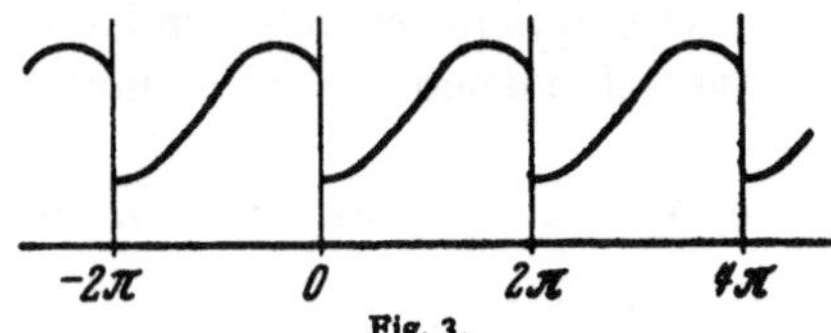

Fig. 3.

aufweist (d. h. wo Grenzwerte von links und rechts existieren, aber voneinander verschieden sind). Ferner sei

$$\sum_{-\infty}^{\infty} a_n e^{inx} \quad \text{mit} \quad a_n = \frac{1}{2\pi} \int_0^{2\pi} P(x)\, e^{-inx}\, dx$$

die Fourierreihe von $P(x)$. Wir wollen zeigen, daß unter diesen Umständen *die* PARSEVAL*sche Gleichung*

$$(*) \qquad \frac{1}{2\pi} \int_0^{2\pi} |P(x)|^2\, dx = \sum_{-\infty}^{\infty} |a_n|^2$$

richtig bleibt, und daß darüber hinaus auch die etwas mehr aussagende Gleichung

$$\frac{1}{2\pi} \int_0^{2\pi} P(x + t)\, \overline{P(t)}\, dt = \sum_{-\infty}^{\infty} |a_n|^2 e^{inx}$$

ihre Gültigkeit behält.

Beweis. Genau wie in § 24 beweist man, daß die Reihe $\sum\limits_{-\infty}^{\infty} |a_n|^2$ konvergent ist (übrigens mit einer Summe $\leq M\{|P(x)|^2\}$), und es konvergiert somit auch die Reihe $\sum\limits_{-\infty}^{\infty} |a_n|^2 e^{inx}$, und zwar gleichmäßig für alle x; ferner ergibt sich, genau wie in § 20, daß die gefaltete Funktion

$$Q(x) = \frac{1}{2\pi} \int\limits_0^{2\pi} P(x+t)\, \overline{P(t)}\, dt$$

(die wieder periodisch mit der Periode 2π ist) als Fourierreihe gerade diese Reihe $\sum\limits_{-\infty}^{\infty} |a_n|^2 e^{inx}$ besitzt. Nun ist aber die Funktion $Q(x)$ (trotz der Unstetigkeiten des Integranden $P(x+t)\, \overline{P(t)}$) eine überall **stetige** Funktion von x; also läßt sich der Eindeutigkeitssatz (für stetige Funktionen) ohne weiteres verwenden und ergibt die gewünschte Gleichung

$$Q(x) = \sum\limits_{-\infty}^{\infty} |a_n|^2 e^{inx},$$

welche für $x = 0$ in die PARSEVALsche Gleichung (*) übergeht.

38. Schließlich bemerken wir noch, daß es durch die einfache Variabeltransformation

$$\frac{2\pi}{T}\, x = x'$$

offenbar ermöglicht wird, ohne neue Überlegungen auch periodische Funktionen zu behandeln, deren Periode nicht gerade 2π, sondern eine beliebige positive Zahl T ist. Es sei $F(x)$ eine solche Funktion, welche in den Punkten mT $(m = 0, \pm 1, \pm 2, \ldots)$ Sprünge aufweisen mag; dann wird ihre Fourierreihe von der Form

$$F(x) \sim \sum\limits_{-\infty}^{\infty} a_n\, e^{in\frac{2\pi}{T}x}$$

sein, wo

$$a_n = M\left\{F(x)\, e^{-in\frac{2\pi}{T}x}\right\} = \frac{1}{T} \int\limits_0^T F(x)\, e^{-in\frac{2\pi}{T}x}\, dx$$

und es gilt wiederum die PARSEVALsche Gleichung

$$\frac{1}{T} \int\limits_0^T |F(x)|^2\, dx = \sum\limits_{-\infty}^{\infty} |a_n|^2$$

sowie ihre Verallgemeinerung

$$G(x) = \frac{1}{T} \int\limits_0^T F(x+t)\, \overline{F(t)}\, dt = \sum\limits_{-\infty}^{\infty} |a_n|^2 e^{in\frac{2\pi}{T}x}$$

Die Theorie der fastperiodischen Funktionen.

Das Hauptproblem der Theorie.

39. Wir betrachten die Menge aller endlichen Summen

$$s(x) = \sum_{n=1}^{N} a_n e^{i\,\lambda_n x}, \qquad -\infty < x < \infty,$$

wo die Koeffizienten a_n beliebige komplexe Größen und die Exponenten λ_n beliebige reelle Größen sind. Die Menge dieser Funktionen $s(x)$ „schließen wir ab", indem wir zu ihr alle Funktionen $f(x) = u(x) + iv(x)$ hinzufügen, welche *gleichmäßig für alle x* durch solche Summen $s(x)$ approximiert werden können, d. h. für welche es bei jedem $\varepsilon > 0$ ein $s(x)$ derart gibt, daß

$$|f(x) - s(x)| \leqq \varepsilon \quad \text{für} \quad -\infty < x < \infty;$$

[diese Funktionen $f(x)$ sind offenbar stetige Funktionen von x]. Die so erweiterte Funktionenklasse nennen wir die *abgeschlossene Hülle der Menge* $\{s(x)\}$ und bezeichnen sie mit $H\{s(x)\}$.

Das Hauptproblem der Theorie besteht darin, die Funktionen $f(x)$ dieser Klasse $H\{s(x)\}$ durch „Struktureigenschaften" zu charakterisieren, also durch Eigenschaften, welche in keiner direkten Beziehung zu den bei der Definition von $H\{s(x)\}$ verwendeten Begriffen stehen.

Bemerkung. Ein fundamentaler Unterschied zwischen diesem Problem und dem entsprechenden (von WEIERSTRASS gelösten) für den Fall harmonischer Summen $\sum^* a_n e^{inx}$ ist, daß im jetzigen Falle die Exponenten λ_n aus der *überabzählbaren* Menge aller reellen Zahlen $-\infty < \lambda < \infty$ und nicht nur aus der *abzählbaren* Menge $\lambda = n \,(= 0, \pm 1, \pm 2, \ldots)$ gewählt werden. Später werden wir sehen, daß die zu der Klasse $H\{s(x)\}$ gehörigen Funktionen $f(x)$ uns dadurch über diese Schwierigkeit hinweghelfen, daß sie selbst verschiedene abzählbare Exponentenmengen $\lambda_1, \lambda_2, \lambda_3, \ldots$ herauspicken, welche die harmonische Exponentenmenge $0, \pm 1, \pm 2, \ldots$ ersetzen.

Verschiebungszahlen.

40. Um einen Ausgangspunkt zu finden, betrachten wir zunächst als einfachstes Beispiel einer Funktion der Klasse $H\{s(x)\}$ die Funktion

$$s(x) = e^{i\lambda_1 x} + e^{i\lambda_2 x},$$

wobei λ_1 und λ_2 reelle von Null verschiedene Zahlen bedeuten. Die beiden Glieder $e^{i\lambda_1 x}$ und $e^{i\lambda_2 x}$ sind je für sich periodisch bzw. mit den

Perioden $p_1 = 2\pi/|\lambda_1|$ und $p_2 = 2\pi/|\lambda_2|$ (gleichzeitig mit diesen Zahlen sind natürlich auch beliebige ganzzahlige Vielfache davon Perioden von $e^{i\lambda_1 x}$ und $e^{i\lambda_2 x}$). Zwei Fälle sind nun zu unterscheiden:

1°. λ_1/λ_2 ist *rational*, d. h. p_1/p_2 ist rational oder $n_1 p_1 = n_2 p_2$ für zwei von Null verschiedene ganze Zahlen n_1 und n_2. In diesem (trivialen) Fall haben die zwei Glieder $e^{i\lambda_1 x}$ und $e^{i\lambda_2 x}$ die gemeinsame Periode $P = n_1 p_1 = n_2 p_2$, und die Summe $s(x)$ ist reinperiodisch mit dieser Periode P.

2°. λ_1/λ_2 ist *irrational*, d. h. p_1/p_2 ist irrational. In diesem Fall ist kein Multiplum von p_1 gleich einem Multiplum von p_2, d. h. die beiden arithmetischen Progressionen $(0, \pm p_1, \pm 2p_1, \ldots)$ und $(0, \pm p_2, \pm 2p_2, \ldots)$ haben den Anfangspunkt als einzigen gemeinsamen Punkt. In diesem Fall ist die Funktion $s(x)$ nicht periodisch; z. B. hat sie den Wert 2 für $x = 0$ und für keinen anderen Wert von x.

Dagegen gibt es hier, wie leicht zu beweisen, zu einem gegebenen $\delta > 0$ Paare von beliebig großen ganzen Zahlen n_1 und n_2, so daß

$$|n_1 p_1 - n_2 p_2| < \delta$$

(es ist dies ein Spezialfall eines allgemeinen Satzes über Diophantische Approximationen). Es sei τ eine Zahl, die „nahe" an $n_1 p_1$ und $n_2 p_2$ liegt (etwa eine Zahl zwischen $n_1 p_1$ und $n_2 p_2$); dann ist τ „fast" eine Periode sowohl für $e^{i\lambda_1 x}$ als für $e^{i\lambda_2 x}$ und also eine „Fastperiode" für ihre Summe $s(x)$, d. h. die Differenz $s(x + \tau) - s(x)$ ist sehr klein für alle x.

41. Durch diese Überlegungen werden wir auf die formale Definition einer „Verschiebungszahl" geführt. Es sei $f(x) = u(x) + iv(x)$ eine beliebig gegebene, für $-\infty < x < \infty$ stetige Funktion. Die reelle Zahl τ wird alsdann eine *zu ε gehörige Verschiebungszahl von $f(x)$* genannt (und mit $\tau(\varepsilon)$ oder $\tau_f(\varepsilon)$ bezeichnet), falls

$$|f(x + \tau) - f(x)| \leqq \varepsilon \quad \text{für} \quad -\infty < x < \infty.$$

Bemerkung. Offenbar wird eine zu ε gehörige Verschiebungszahl von $f(x)$ a fortiori zu jeder Größe $\varepsilon_1 > \varepsilon$ gehören, und gleichzeitig mit τ wird auch $-\tau$ eine zu ε gehörige Verschiebungszahl von $f(x)$ sein Ferner gilt $\tau(\varepsilon_1) + \tau(\varepsilon_2) = \tau(\varepsilon_1 + \varepsilon_2)$ (und $\tau(\varepsilon_1) - \tau(\varepsilon_2) = \tau(\varepsilon_1 + \varepsilon_2)$), d. h. die Summe (oder die Differenz) zweier zu ε_1 bzw. ε_2 gehöriger Verschiebungszahlen wird jedenfalls eine zu $\varepsilon_1 + \varepsilon_2$ gehörige Verschiebungszahl sein.

Definition der Fastperiodizität.

42. Durch das oben studierte spezielle Beispiel wird es uns nahegelegt, die Klasse der Funktionen $f(x)$ zu betrachten, welche die folgende Eigenschaft besitzen: Zu jedem $\varepsilon > 0$ gibt es Verschiebungszahlen $\tau = \tau(\varepsilon)$ von $f(x)$ und unter diesen Zahlen $\tau(\varepsilon)$ beliebig große. Dieser

Ansatz wäre aber kein glücklicher; nicht nur ist die Klasse dieser Funktionen $f(x)$ weit davon entfernt, die gewünschte Klasse $H\{s(x)\}$ zu sein, sondern es läßt sich sogar durch passend konstruierte Beispiele zeigen, daß sie nicht einmal der einfachen Operation der gewöhnlichen Addition gegenüber invariant bleibt, d. h. falls $f(x)$ und $g(x)$ zwei Funktionen dieser Klasse sind, braucht ihre Summe $f(x) + g(x)$ nicht wieder zu der Klasse zu gehören.

43. Um zu erreichen, daß $f(x)$ zu $H\{s(x)\}$ gehört, muß in der Tat mehr von $f(x)$ gefordert werden, als daß sie bei jedem $\varepsilon > 0$ beliebig große Verschiebungszahlen besitzen soll. Zu diesem Zwecke führen wir den Begriff der „relativen Dichte" ein. Eine Menge E von reellen Zahlen τ wird als *relativ dicht* bezeichnet, falls nirgends beliebig große Lücken zwischen den Zahlen τ vorhanden sind; genau gesprochen, falls eine *Länge L* derart existiert, daß jedes Intervall $\alpha < x < \alpha + L$ dieser Länge mindestens eine Zahl τ der Menge E enthält.

Beispiele. Die Zahlen np $(n = 0, \pm 1, \pm 2, \ldots; p > 0)$ einer arithmetischen Progression bilden eine relativ dichte Menge, und zwar die einfachst mögliche. Die Menge der Zahlen $\pm n^2$ $(n = 0, 1, 2, \ldots)$ dagegen ist keine relativ dichte (weil $(n + 1)^2 - n^2 = 2n + 1 \to \infty$ für $n \to \infty$). Allgemein gesprochen mag eine relativ dichte Menge als eine solche beschrieben werden, die „ebenso dicht" ist wie eine arithmetische Progression.

44. Nunmehr gehen wir zu der eigentlichen Definition einer „fastperiodischen" Funktion über.

Hauptdefinition. *Eine für $-\infty < x < \infty$ stetige Funktion wird fastperiodisch genannt, falls es zu jedem $\varepsilon > 0$ eine relativ dichte Menge von zu ε gehörigen Verschiebungszahlen der Funktion $f(x)$ gibt.* Es soll mit anderen Worten zu jedem $\varepsilon > 0$ eine Länge $L = L(\varepsilon)$ derart geben, daß jedes Intervall $\alpha < x < \alpha + L$ dieser Länge $L(\varepsilon)$ mindestens eine Verschiebungszahl $\tau = \tau(\varepsilon)$ enthält.

Beispiele. Eine stetige reinperiodische Funktion $f(x)$ der Periode p ist offenbar ein spezieller Fall einer fastperiodischen Funktion; in der Tat können wir hier bei jedem ε die Perioden np $(n = 0, \pm 1, \pm 2, \ldots)$ als Verschiebungszahlen $\tau(\varepsilon)$ verwenden. — Ferner ist klar: Wenn $f(x)$ fastperiodisch ist, so gilt dasselbe von $f(x + c)$ (c eine beliebige reelle Konstante), von $cf(x)$ (c eine beliebige komplexe Konstante), von $\overline{f(x)}$ und auch von $|f(x)|$ (weil $\big||f(x + \tau)| - |f(x)|\big| \leqq |f(x + \tau) - f(x)|$).

Falls $f(x)$ nicht gerade reinperiodisch ist, muß notwendig jede brauchbare Länge $L(\varepsilon)$ beliebig groß sein, wenn nur ε hinreichend klein gewählt wird. Sonst würde es nämlich offenbar möglich sein, für alle ε eine und dieselbe Länge L zu verwenden; also läge z. B. im Intervall $L \leqq x \leqq 2L$ ein Häufungspunkt von beliebig feinen (d. h. zu beliebig kleinen ε gehörigen) Verschiebungszahlen τ, und ein solcher Häufungspunkt würde, im Gegensatz zur Annahme, eine Periode von $f(x)$ darstellen.

Der *Hauptsatz* der Theorie der fastperiodischen Funktionen (der erst
am Ende dieser Vorlesungen bewiesen werden kann) besagt, daß *die
Klasse der fastperiodischen Funktionen mit der Klasse $H\{s(x)\}$ identisch
ist*. Die Fastperiodizität ist somit gerade die gewünschte Struktur-
eigenschaft, welche die zu $H\{s(x)\}$ gehörigen Funktionen $f(x)$ charakterisiert.

Zwei einfache Eigenschaften fastperiodischer Funktionen.

45. Wir wollen die Theorie der fastperiodischen Funktionen in
recht genauer Analogie mit der Theorie der reinperiodischen Funktionen entwickeln; dabei ist aber zu bemerken, daß mehrere Sätze, die
für reinperiodische Funktionen so trivial sind, daß wir sie gar nicht
genannt haben, für fastperiodische Funktionen schon nicht mehr trivial
sind. Dies gilt z. B. von den beiden Sätzen, die wir zunächst beweisen
wollen, wonach jede fastperiodische Funktion beschränkt und gleichmäßig stetig ist. Die entsprechenden Sätze für reinperiodische Funktionen sind deshalb trivial, weil man sich bei der Untersuchung einer
solchen Funktion auf die Betrachtung der Funktion in einem endlichen
Intervall beschränken kann. Für fastperiodische Funktionen beruhen
die (sehr einfachen) Beweise auf einer ähnlichen Bemerkung, die jedoch
erst durch die in der Definition der Fastperiodizität geforderte Existenz
der Länge $L = L(\varepsilon)$ ermöglicht wird. Aus der Eigenschaft dieser Zahl
$L = L(\varepsilon)$ folgt nämlich sofort, daß, wenn wir ein **festes** Intervall J
der Läng $L = L(\varepsilon)$ betrachten, z. B. das Intervall $0 < x < L$, wir imstande
sind, zu jeder beliebig gegebenen Zahl x_0 eine Verschiebungszahl $\tau = \tau(\varepsilon)$
$(= \tau(\varepsilon, x_0))$ so zu finden, daß x_0 bei einer Verschiebung um τ in einen

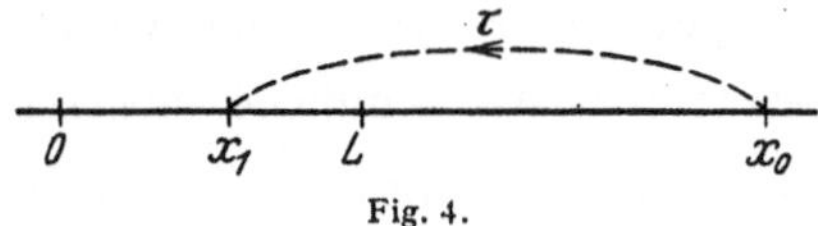

Fig. 4.

Punkt $x_1 = x_0 + \tau$ dieses Intervalles J übergeht — wir haben ja nur
die Verschiebungszahl $\tau(\varepsilon)$ so zu wählen, daß sie dem Intervalle
$-x_0 < x < -x_0 + L$ der Länge L angehört —, wodurch es auch in
diesem Fall bei den Beweisen ermöglicht wird, die Betrachtungen sozu-
sagen auf ein festes, endliches Intervall zu beschränken.

46. Wir gehen nun zu den genannten Sätzen über.

SATZ I. *Eine fastperiodische Funktion $f(x)$ ist beschränkt,* d. h. es
gibt eine Konstante $C = C(f)$, so daß

$$|f(x)| < C \quad \text{für} \quad -\infty < x < \infty.$$

Beweis. Zunächst bestimmen wir, z. B. zu $\varepsilon = 1$, die Länge $L = L(1)$.
In dem abgeschlossenen Intervall $0 \leqq x \leqq L(1)$ ist die Funktion $f(x)$

beschränkt, etwa $|f(x)| \leq c$. Dann wird in jedem Punkt x_0 die Ungleichung $|f(x_0)| \leq c + 1 = C$ stattfinden. In der Tat können wir zu einem beliebig gegebenen x_0 eine Verschiebungszahl $\tau = \tau(1)$ so finden, daß $0 < x_0 + \tau < L(1)$, und erhalten somit

$$|f(x_0)| \leq |f(x_0 + \tau)| + |f(x_0) - f(x_0 + \tau)| \leq c + 1 .$$

Corollar. Mit $f(x)$ ist auch $(f(x))^2$ fastperiodisch. In der Tat gilt

$$|(f(x+\tau))^2 - (f(x))^2| = |f(x+\tau) + f(x)| \cdot |f(x+\tau) - f(x)| \leq 2C|f(x+\tau) - f(x)|,$$

und es ist somit jede zu $\varepsilon/2C$ gehörige Verschiebungszahl von $f(x)$ zugleich eine zu ε gehörige Verschiebungszahl von $(f(x))^2$.

Insbesondere ist $|f(x)|^2$ eine fastperiodische Funktion.

Als eine ähnliche einfache Anwendung des Satzes I sei die folgende genannt. Ist die fastperiodische Funktion $f(x) \neq 0$ für alle x, so ist es, damit $1/f(x)$ wieder fastperiodisch sei, notwendig, daß die untere Grenze γ von $|f(x)|$ für $-\infty < x < \infty$ größer als Null ist (eine Bedingung, die nicht von selbst erfüllt ist). Diese Bedingung $\gamma > 0$ ist aber auch hinreichend; denn aus der bei jedem τ gültigen Ungleichung

$$\left| \frac{1}{f(x+\tau)} - \frac{1}{f(x)} \right| = \left| \frac{f(x+\tau) - f(x)}{f(x)\,f(x+\tau)} \right| \leq \frac{1}{\gamma^2} |f(x+\tau) - f(x)|$$

ergibt sich ja alsdann, daß jede zu $\gamma^2 \varepsilon$ gehörige Verschiebungszahl von $f(x)$ zugleich eine zu ε gehörige Verschiebungszahl von $1/f(x)$ ist.

SATZ II. *Eine fastperiodische Funktion $f(x)$ ist gleichmäßig stetig für* $-\infty < x < \infty$ (und nicht nur in jedem endlichen Intervall), d. h. zu einem beliebig gegebenen $\varepsilon > 0$ gibt es ein $\delta = \delta(\varepsilon)$ derart, daß

$$|f(x_1) - f(x_2)| \leq \varepsilon \qquad \text{für} \qquad |x_1 - x_2| \leq \delta .$$

Beweis. Zu dem gegebenen ε bestimmen wir zunächst die Länge $L = L\left(\frac{\varepsilon}{3}\right)$ und betrachten das endliche abgeschlossene Intervall $-1 \leq x \leq L\left(\frac{\varepsilon}{3}\right) + 1$. Danach bestimmen wir ein $\delta(<1)$, so daß die Ungleichung $|f(y_1) - f(y_2)| \leq \frac{\varepsilon}{3}$ für jedes Punktepaar (y_1, y_2) im Intervalle $\left(-1, L\left(\frac{\varepsilon}{3}\right) + 1\right)$ besteht, für welches $|y_1 - y_2| \leq \delta$. Dann wird dieses δ die gewünschte Eigenschaft haben. In der Tat, es sei (x_1, x_2) ein beliebiges Punktepaar mit $|x_1 - x_2| \leq \delta$, und es sei die Verschiebungszahl $\tau = \tau\left(\frac{\varepsilon}{3}\right)$ so gewählt, daß der Punkt $y_1 = x_1 + \tau$ in das Intervall $0 < x < L\left(\frac{\varepsilon}{3}\right)$ zu liegen kommt; dann wird der Punkt $y_2 = x_2 + \tau$ offenbar innerhalb des Intervalles $\left(-1, L\left(\frac{\varepsilon}{3}\right) + 1\right)$ liegen, und wir erhalten somit die Ungleichung

$$|f(x_1) - f(x_2)| \leq |f(x_1) - f(y_1)| + |f(y_1) - f(y_2)| + |f(y_2) - f(x_2)|$$
$$\leq \frac{\varepsilon}{3} + \frac{\varepsilon}{3} + \frac{\varepsilon}{3} = \varepsilon .$$

Bemerkung. Der Satz II ist mit der folgenden Aussage äquivalent: Zu jedem ε gibt es ein δ, so daß jede Zahl τ mit $|\tau| \leq \delta$ eine zu ε gehörige Verschiebungszahl $\tau(\varepsilon)$ darstellt.

47. Aus dem Satze II folgt sofort das in der Folge mehrmals zu benutzende

Corollar. Zu jedem ε gibt es ein L und ein δ, so daß jedes Intervall $\alpha < x < \alpha + L$ der Länge L nicht nur eine einzige Verschiebungszahl $\tau(\varepsilon)$, sondern *ein ganzes Intervall der Länge δ* enthält, dessen Punkte alle Verschiebungszahlen $\tau(\varepsilon)$ sind.

Beweis. Es seien $L\left(\dfrac{\varepsilon}{2}\right)$ und $\delta\left(\dfrac{\varepsilon}{2}\right)$ bzw. nach der Definition der Fastperiodizität und nach dem Satze II gewählt. Dann erfüllen die beiden Zahlen $L = L\left(\dfrac{\varepsilon}{2}\right) + 2\delta\left(\dfrac{\varepsilon}{2}\right)$ und $\delta = 2\delta\left(\dfrac{\varepsilon}{2}\right)$ die Bedingungen des Corrolars. In der Tat liegt in jedem Intervall der Länge $L\left(\dfrac{\varepsilon}{2}\right)$ eine

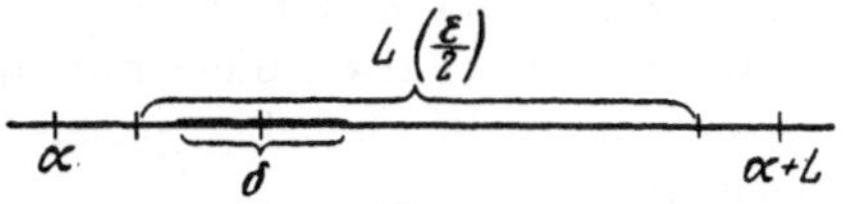

Fig. 5.

Verschiebungszahl $\tau\left(\dfrac{\varepsilon}{2}\right)$, und ferner ist jede Zahl der Form $\tau\left(\dfrac{\varepsilon}{2}\right) + \beta$ mit $|\beta| \leq \delta\left(\dfrac{\varepsilon}{2}\right)$ eine Verschiebungszahl $\tau(\varepsilon)$, weil nach dem Satze II die Zahl β eine Verschiebungszahl $\tau\left(\dfrac{\varepsilon}{2}\right)$ ist. Also liegt in jedem Intervall der Länge $L\left(\dfrac{\varepsilon}{2}\right) + 2\delta\left(\dfrac{\varepsilon}{2}\right)$ ein Intervall der Länge $2\delta\left(\dfrac{\varepsilon}{2}\right)$, dessen Zahlen alle Verschiebungszahlen $\tau(\varepsilon)$ sind.

Eine etwas weniger aussagende, aber für die Anwendungen bequemere Form des Corollars, ist die folgende: Zu jedem ε gibt es ein L und ein δ, so daß bei einer beliebig gewählten positiven Größe $\eta \geq \delta$ jedes Intervall $\alpha < x < \alpha + L$ der Länge L eine Verschiebungszahl $\tau(\varepsilon)$ enthält, welche *ein ganzes Vielfaches von η* ist.

Die Invarianz der Fastperiodizität gegenüber einfachen Rechenoperationen.

48. Nunmehr gehen wir zu einem schwierigeren Satze über.

SATZ III. *Die Summe $f(x) + g(x)$ zweier fastperiodischer Funktionen $f(x)$ und $g(x)$ ist wiederum eine fastperiodische Funktion.*

Beweis. Es genügt zu zeigen, daß es zu jedem $\varepsilon > 0$ eine relativ dichte Menge von *gemeinsamen* Verschiebungszahlen $\tau(\varepsilon)$ der beiden Funktionen $f(x)$ und $g(x)$ gibt; in der Tat wird offenbar jede solche Zahl $\tau = \tau_f(\varepsilon) = \tau_g(\varepsilon)$ eine Verschiebungszahl $\tau_{f+g}(2\varepsilon)$ sein, weil

$$|(f(x+\tau)+g(x+\tau)) - (f(x)+g(x))| \leq |f(x+\tau)-f(x)| + |g(x+\tau)-g(x)| \leq 2\varepsilon.$$

Wir benutzen das Corollar von § 47 in der letzten Form und bestimmen nach diesem Corollar zu der gegebenen Zahl $\varepsilon/2$ entsprechende Zahlen L_f, δ_f und L_g, δ_g. Es seien $L_0 = \mathrm{Max}\,(L_f, L_g)$ und $\eta = \mathrm{Min}\,(\delta_f, \delta_g)$ gesetzt; dann enthält jedes Intervall $\alpha < x < \alpha + L_0$ der Länge L_0 sowohl eine Verschiebungszahl $\tau_f\!\left(\dfrac{\varepsilon}{2}\right)$ als eine Verschiebungszahl $\tau_g\!\left(\dfrac{\varepsilon}{2}\right)$, die beide Vielfache von η sind (s. Fig. 6).

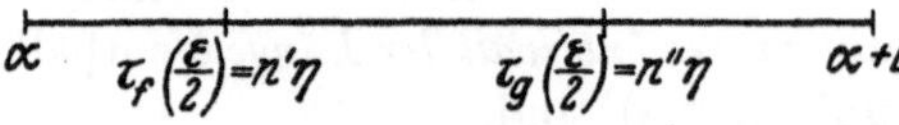

Fig. 6.

Wir betrachten *alle* Paare von solchen Verschiebungszahlen, d. h. alle Paare $\left(\tau_f\!\left(\dfrac{\varepsilon}{2}\right),\ \tau_g\!\left(\dfrac{\varepsilon}{2}\right)\right)$ mit $\tau_f = n'\eta$, $\tau_g = n''\eta$ und $|\tau_f - \tau_g| < L_0$; für jedes Paar dieser Art ist $\tau_f - \tau_g = (n' - n'')\,\eta = n\eta$, wobei n eine ganze Zahl ist. Wegen $|n\eta| < L_0$ kommen sicher nur *endlich* viele verschiedene Werte von $n\eta$ vor; es seien diese mit $n_1\eta, n_2\eta, \ldots, n_Q\eta$ bezeichnet, und sie seien durch die (beliebig gewählten, aber danach festgehaltenen) Punktepaare $(\tau_f^{(1)}, \tau_g^{(1)})$, $(\tau_f^{(2)}, \tau_g^{(2)})$, $\ldots$, $(\tau_f^{(Q)}, \tau_g^{(Q)})$ „repräsentiert". Ferner sei

$$\mathop{\mathrm{Max}}_{q=1,\,2.\,\ldots,\,Q} \big|\tau_f^{(q)}\big| = l$$

gesetzt. Wir werden dann zeigen, daß *jedes Intervall der Länge $L_0 + 2l$ mindestens eine gemeinsame Verschiebungszahl $\tau = \tau_f(\varepsilon) = \tau_g(\varepsilon)$ enthält.*

Es sei $\alpha < x < \alpha + L_0 + 2l$ ein beliebiges Intervall der Länge $L_0 + 2l$. In dem Intervall $\alpha + l < x < \alpha + L_0 + l$ der Länge L_0

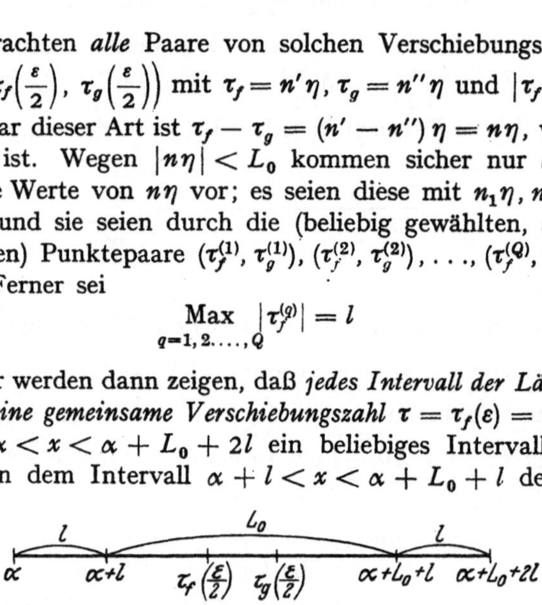

Fig. 7.

wählen wir (s. Fig. 7) zwei Verschiebungszahlen $\tau_f\!\left(\dfrac{\varepsilon}{2}\right) = n'\eta$ und $\tau_g\!\left(\dfrac{\varepsilon}{2}\right) = n''\eta$. Es sei $n_q\eta$ dasjenige der obigen Multipla von η, für welches $\tau_f - \tau_g = n_q\eta$ ist, und es sei $\tau_f^{(q)}$, $\tau_g^{(q)}$ das vorhin gewählte feste „Repräsentantenpaar" dieses $n_q\eta$. Dann ist $\tau_f - \tau_g = \tau_f^{(q)} - \tau_g^{(q)}$, d. h. $\tau_f - \tau_f^{(q)} = \tau_g - \tau_g^{(q)}$, und diese letztere Zahl

$$\tau = \tau_f - \tau_f^{(q)} = \tau_g - \tau_g^{(q)}$$

wird unsere Wünsche erfüllen. In der Tat ist sie erstens, als Differenz zweier zu $\varepsilon/2$ gehöriger Verschiebungszahlen, eine zu ε gehörige Verschiebungszahl sowohl von $f(x)$ als von $g(x)$, und zweitens liegt sie im Intervall $(\alpha, \alpha + L_0 + 2l)$, weil τ_f dem Intervall $(\alpha + l, \alpha + L_0 + l)$ angehört und $|\tau_f^{(q)}| \leqq l$.

Corollar. Die Summe $f(x) = \sum_1^N p_n(x)$ einer endlichen Anzahl von stetigen periodischen Funktionen $p_n(x)$ (mit beliebigen Perioden) ist fastperiodisch. Insbesondere ist *jedes trigonometrische Polynom*

$$s(x) = \sum_1^N a_n e^{i\lambda_n x}$$

eine fastperiodische Funktion.

[Da $-g(x)$ fastperiodisch ist gleichzeitig mit $g(x)$, folgt aus dem Satze III z. B., daß auch die Differenz $f(x) - g(x)$ eine fastperiodische Funktion ist.]

Satz IV. *Das Produkt $f(x)g(x)$ zweier fastperiodischer Funktionen $f(x)$ und $g(x)$ ist wieder fastperiodisch.*

Beweis. Es ist früher bewiesen worden, daß das Quadrat einer beliebigen fastperiodischen Funktion wieder fastperiodisch ist. Der Satz folgt deshalb aus Satz III wegen der Identität

$$f(x)\,g(x) = \tfrac{1}{4}\{(f(x) + g(x))^2 - (f(x) - g(x))^2\}.$$

49. Ganz leicht ist schließlich der folgende Satz.

Satz V. *Die Grenzfunktion $f(x)$ einer für $-\infty < x < \infty$ gleichmäßig konvergenten Folge von fastperiodischen Funktionen $f_1(x), f_2(x), \ldots, f_n(x), \ldots$ ist wieder fastperiodisch.*

Beweis. Wir bemerken zunächst, daß $f(x)$ stetig ist. Es sei nun $\varepsilon > 0$ beliebig gegeben, und es sei $N = N(\varepsilon)$ so groß gewählt, daß

$$|f(x) - f_N(x)| \leq \frac{\varepsilon}{3} \quad \text{für} \quad -\infty < x < \infty.$$

Dann ist jede Verschiebungszahl $\tau = \tau_{f_N}\!\left(\frac{\varepsilon}{3}\right)$ sicher eine Verschiebungszahl $\tau_f(\varepsilon)$; denn es ist

$$|f(x + \tau) - f(x)| \leq |f(x + \tau) - f_N(x + \tau)| + |f_N(x + \tau) - f_N(x)| +$$
$$|f_N(x) - f(x)| \leq \frac{\varepsilon}{3} + \frac{\varepsilon}{3} + \frac{\varepsilon}{3} = \varepsilon.$$

Da die Verschiebungszahlen $\tau_{f_N}\!\left(\frac{\varepsilon}{3}\right)$ relativ dicht liegen, gilt also dasselbe von den Verschiebungszahlen $\tau_f(\varepsilon)$.

Corollar. Jede Funktion $f(x)$, welche gleichmäßig für alle x durch endliche Summen $s(x) = \sum_1^N a_n e^{i\lambda_n x}$ angenähert werden kann, ist fastperiodisch; mit anderen Worten: *Jede Funktion der Klasse $H\{s(x)\}$ ist eine fastperiodische Funktion.* Somit haben wir die eine Hälfte unseres Hauptsatzes bewiesen; es ist aber der Beweis der anderen Hälfte, welcher die eigentlichen Schwierigkeiten bietet.

Der Mittelwertsatz.

50. Unsere nächste Aufgabe wird sein, für fastperiodische Funktionen eine Fourierreihentheorie zu begründen. Dazu gibt uns, zusammen mit dem Satze IV, der folgende Satz den Schlüssel.

MITTELWERTSATZ. *Für jede fastperiodische Funktion $f(x)$ existiert der Mittelwert*

$$\lim_{T \to \infty} \frac{1}{T} \int_0^T f(x)\, dx = M\{f(x)\},$$

d. h. der Ausdruck $\dfrac{1}{T} \int_0^T f(x)\, dx$ strebt für $T \to \infty$ gegen einen bestimmten endlichen Grenzwert, den wir mit $M\{f(x)\}$ bezeichnen werden.

Im Falle einer rein periodischen Funktion $f(x)$, etwa mit der Periode p, ist der Satz trivial, und der Mittelwert stimmt hier mit dem früheren Mittelwert

$$M\{f(x)\} = \frac{1}{p} \int_0^p f(x)\, dx$$

überein. In der Tat ergibt sich, wenn $T = mp + r$ $(0 \leqq r < p)$ gesetzt wird, daß

$$\int_0^T f(x)\, dx = m \int_0^p f(x)\, dx + \int_{mp}^{mp+r} f(x)\, dx,$$

woraus sich, wegen der für $T \to \infty$ gültigen Grenzgleichung $\dfrac{m}{T} \to \dfrac{1}{p}$ in Verbindung mit der Beschränktheit von $f(x)$, die gewünschte Relation

$$\lim_{T \to \infty} \frac{1}{T} \int_0^T f(x)\, dx = \frac{1}{p} \int_0^p f(x)\, dx$$

sofort ergibt.

Beweis. Wir wenden das allgemeine Konvergenzprinzip an. Es sei also $\varepsilon > 0$ beliebig gegeben; wir haben die Existenz einer Zahl $T_0 = T_0(\varepsilon)$ derart zu zeigen, daß für $T_1 > T_0$, $T_2 > T_0$ die Ungleichung

$$\left| \frac{1}{T_1} \int_0^{T_1} f(x)\, dx - \frac{1}{T_2} \int_0^{T_2} f(x)\, dx \right| < 2\varepsilon$$

besteht. Der Beweis hierfür wird in mehreren Schritten geführt.

1°. Es bezeichne l_0 die zu der gegebenen Zahl $\varepsilon > 0$ gehörige Länge $L\left(\dfrac{\varepsilon}{2}\right)$. Für eine beliebig gegebene feste Zahl $T > 0$ und eine beliebige veränderliche Zahl α wollen wir die Differenz

$$\frac{1}{T} \int_0^T f(x)\, dx - \frac{1}{T} \int_\alpha^{\alpha+T} f(x)\, dx$$

abschätzen. Dies geschieht auf Grund der Fastperiodizität von $f(x)$ folgendermaßen.

In dem Intervall $(\alpha, \alpha + l_0)$ wählen wir eine Verschiebungszahl $\tau = \tau_f\left(\dfrac{\varepsilon}{2}\right)$ und schreiben die betrachtete Differenz in der Form

$$\left\{\frac{1}{T}\int_0^T f(x)\,dx - \frac{1}{T}\int_\tau^{\tau+T} f(x)\,dx\right\} - \frac{1}{T}\int_\alpha^\tau f(x)\,dx + \frac{1}{T}\int_{\alpha+T}^{\tau+T} f(x)\,dx.$$

Hier ist nun das erste Glied $\{\ldots\}$ numerisch $\leq \dfrac{\varepsilon}{2}$, weil $|f(x+\tau)-f(x)| \leq \dfrac{\varepsilon}{2}$, und jedes der zwei übrigen Glieder ist numerisch $\leq \dfrac{1}{T}l_0\Gamma$, indem wir mit Γ die (endliche) obere Grenze von $|f(x)|$ in $-\infty < x < \infty$ bezeichnen. Also ergibt sich, daß

$$(1) \qquad \left|\frac{1}{T}\int_0^T f(x)\,dx - \frac{1}{T}\int_\alpha^{\alpha+T} f(x)\,dx\right| \leq \frac{\varepsilon}{2} + \frac{2l_0\Gamma}{T}.$$

$2°$. Unsere nächste Aufgabe wird sein, für ein gegebenes $T > 0$ und eine beliebige natürliche Zahl n die Differenz

$$\frac{1}{T}\int_0^T f(x)\,dx - \frac{1}{nT}\int_0^{nT} f(x)\,dx$$

abzuschätzen. Nun ist diese Differenz nichts anderes als das arithmetische Mittel der n Differenzen

$$\frac{1}{T}\int_0^T f(x)\,dx - \frac{1}{T}\int_{(\nu-1)T}^{\nu T} f(x)\,dx, \qquad \nu = 1, 2, \ldots, n;$$

jede dieser Differenzen ist nach (1) numerisch $\leq \dfrac{\varepsilon}{2} + \dfrac{2l_0\Gamma}{T}$; also gilt dasselbe für das arithmetische Mittel dieser Differenzen, d. h. es besteht die Ungleichung

$$(2) \qquad \left|\frac{1}{T}\int_0^T f(x)\,dx - \frac{1}{nT}\int_0^{nT} f(x)\,dx\right| \leq \frac{\varepsilon}{2} + \frac{2l_0\Gamma}{T}.$$

$3°$. Es seien nunmehr $T_1 > 0$ und $T_2 > 0$ gegebene Zahlen, deren Verhältnis T_1/T_2 wir zunächst rational annehmen. Dann gibt es also zwei natürliche Zahlen n_1 und n_2, so daß $n_1 T_1 = n_2 T_2$. Nun ist aber nach (2)

$$\left|\frac{1}{T_1}\int_0^{T_1} f(x)\,dx - \frac{1}{n_1 T_1}\int_0^{n_1 T_1} f(x)\,dx\right| \leq \frac{\varepsilon}{2} + \frac{2l_0\Gamma}{T_1}$$

und

$$\left|\frac{1}{T_2}\int_0^{T_2} f(x)\,dx - \frac{1}{n_2 F_2}\int_0^{n_2 T_2} f(x)\,dx\right| \leq \frac{\varepsilon}{2} + \frac{2l_0\Gamma}{T_2}.$$

3*

Aus $n_1 T_1 = n_2 T_2$ ergibt sich deshalb, daß

$$(3) \qquad \left| \frac{1}{T_1} \int_0^{T_1} f(x)\, dx - \frac{1}{T_2} \int_0^{T_2} f(x)\, dx \right| \leqq \varepsilon + 2 l_0 \Gamma \left(\frac{1}{T_1} + \frac{1}{T_2} \right).$$

Diese zunächst nur für rationale Verhältnisse T_1/T_2 bewiesene Relation (3) überträgt sich nun aus Stetigkeitsgründen unmittelbar auf beliebige (positive) Werte von T_1 und T_2.

Nach diesen Vorbereitungen ist nun der Beweis des Mittelwertsatzes unmittelbar zu führen. Wählen wir nämlich $T_0 = \dfrac{4 l_0 \Gamma}{\varepsilon} = \dfrac{4 \Gamma L \left(\frac{\varepsilon}{2} \right)}{\varepsilon}$, so gilt offenbar für $T_1 > T_0$, $T_2 > T_0$, daß

$$\varepsilon + 2 l_0 \Gamma \left(\frac{1}{T_1} + \frac{1}{T_2} \right) < 2\varepsilon,$$

und somit nach (3), daß

$$\left| \frac{1}{T_1} \int_0^{T_1} f(x)\, dx - \frac{1}{T_2} \int_0^{T_2} f(x)\, dx \right| < 2\varepsilon.$$

Bemerkung. Für spätere Anwendungen wird es von Bedeutung sein, explizit zu wissen, wie groß wir T wählen müssen, um sicher zu sein, daß der „endliche" Mittelwert $\dfrac{1}{T} \int_0^{T} f(x)\, dx$ den „wirklichen" Mittelwert $M\{f(x)\}$ bis auf einen vorgegebenen Fehler approximiert. Eine solche Angabe ist unmittelbar dem obigen Beweise zu entnehmen. Wir brauchen nur (nachdem die Existenz des Mittelwertes $M\{f(x)\}$ jetzt festgestellt ist) in der Ungleichung (2) den Grenzübergang $n \to \infty$ vorzunehmen und erhalten

$$\left| \frac{1}{T} \int_0^{T} f(x)\, dx - M\{f(x)\} \right| \leqq \frac{\varepsilon}{2} + \frac{2 l_0 \Gamma}{T}$$

und daraus weiter das gewünschte Resultat

$$(4) \qquad \left| \frac{1}{T} \int_0^{T} f(x)\, dx - M\{f(x)\} \right| < \varepsilon \quad \text{für } T > T_0 = \frac{4 \Gamma L \left(\frac{\varepsilon}{2} \right)}{\varepsilon}.$$

Zum Schluß sei noch erwähnt, daß man mit Mittelwerten für fastperiodische Funktionen nach den üblichen Regeln rechnen kann. Z. B. ist $M\{c\, f(x)\} = c\, M\{f(x)\}$ (c eine beliebige komplexe Konstante) und $M\{(f_1(x) + f_2(x))\} = M\{f_1(x)\} + M\{f_2(x)\}$. Wichtig für die Anwendungen ist noch die Bemerkung, daß, wenn $f_1(x), f_2(x), \ldots, f_n(x), \ldots$ eine Folge von fastperiodischen Funktionen bezeichnet, welche **gleichmäßig** gegen die (eo ipso fastperiodische) Grenzfunktion $f(x)$ konvergiert, die Grenzgleichung gilt

$$M\{f(x)\} = \lim_{n \to \infty} M\{f_n(x)\}.$$

Dies folgt unmittelbar daraus, daß für ein beliebiges n

$$M\{f(x)\} - M\{f_n(x)\} = M\{(f(x) - f_n(x))\}$$

ist, und demnach

$$|M\{f(x)\} - M\{f_n(x)\}| \leqq M\{|f(x) - f_n(x)|\} \leqq \underset{-\infty < x < \infty}{\text{obere Grenze}} |f(x) - f_n(x)|,$$

wo die letzte Größe für $n \to \infty$ gegen Null konvergiert.

51. Als eine erste Anwendung der Ungleichung (4) betrachten wir die Menge aller Funktionen $f(x + a)$, wobei a eine beliebige reelle Konstante bedeutet. Jede dieser Funktionen ist fastperiodisch und besitzt also einen Mittelwert

$$(5) \qquad \lim_{T \to \infty} \frac{1}{T} \int_0^T f(x + a)\, dx = M\{f(x + a)\}.$$

Wir wollen beweisen, daß diese Limesgleichung *gleichmäßig in a gilt*, d. h. daß für ein gegebenes $\varepsilon > 0$ ein entsprechendes $T_0 = T_0(\varepsilon)$ unabhängig von a derart gewählt werden kann, daß *gleichzeitig für alle a* die Ungleichung

$$\left| \frac{1}{T} \int_0^T f(x + a)\, dx - M\{f(x + a)\} \right| < \varepsilon \quad \text{für} \quad T > T_0$$

besteht. Dies ist aber eine unmittelbare Folge des obigen Ergebnisses; in der Tat ist ja die Zahl $T_0 = \dfrac{4\,\varGamma L\left(\dfrac{\varepsilon}{2}\right)}{\varepsilon}$ dieselbe für alle Funktionen $f(x + a)$, weil die obere Grenze von $|f(x + a)|$ gleich $\varGamma$ ist, und weil $f(x + a)$ genau dieselben Verschiebungszahlen besitzt wie $f(x)$ selbst.

52. Das Ergebnis von § 51 läßt sich auch in einer anderen Form aussprechen. Hierzu bemerken wir zunächst, daß bei konstantem a offenbar

$$M\{f(x + a)\} = M\{f(x)\}$$

ist; in der Tat ist ja

$$\frac{1}{T} \int_0^T f(x + a)\, dx = \frac{1}{T} \int_a^{a+T} f(x)\, dx = \frac{1}{T} \int_a^0 f(x)\, dx + \frac{1}{T} \int_0^T f(x)\, dx + \frac{1}{T} \int_T^{a+T} f(x)\, dx,$$

wo für $T \to \infty$ das zweite Glied rechts gegen $M\{f(x)\}$ strebt, während die beiden anderen Glieder gegen Null konvergieren (weil jedes numerisch

$\leq \frac{1}{T}|a|\,\Gamma$ ist). Es läßt sich daher die obige, gleichmäßig in a gültige Grenzgleichung (5) auch in der Form

$$\lim_{T \to \infty} \frac{1}{T} \int_0^T f(x + a)\,dx = M\{f(x)\}$$

oder

$$\lim_{T \to \infty} \frac{1}{T} \int_a^{a+T} f(x)\,dx = M\{f(x)\}$$

schreiben, und wir haben somit den folgenden Satz erhalten:

VERSCHÄRFTER MITTELWERTSATZ. *Es gilt gleichmäßig in a die Limesgleichung*

$$\lim_{T \to \infty} \frac{1}{T} \int_a^{a+T} f(x)\,dx = M\{f(x)\}.$$

Dieser verschärfte Mittelwertsatz ist ein im Folgenden mehrmals zu verwendender Satz, welcher uns lehrt, daß der Mittelwert von $f(x)$ über ein beliebiges endliches Intervall „nahe" an dem wirklichen Mittelwert $M\{f(x)\}$ liegt, falls nur das Intervall hinreichend groß gewählt ist, unabhängig von seiner Lage. Als triviale Anwendungen seien erwähnt, daß

$$\lim_{T \to \infty} \frac{1}{T} \int_{-T}^0 f(x)\,dx = M\{f(x)\} \quad \text{und} \quad \lim_{T \to \infty} \frac{1}{2\,T} \int_{-T}^T f(x)\,dx = M\{f(x)\}.$$

53. Um bei einer späteren Gelegenheit den Gang der Entwicklungen nicht abbrechen zu müssen, geben wir an dieser Stelle noch eine Anwendung der Ungleichung (4).

Wir betrachten, bei einer beliebig gegebenen fastperiodischen Funktion $f(x)$, die Menge aller Funktionen $F_x(t) = f(x + t)\overline{f(t)}$, wobei x eine beliebige reelle Konstante bedeutet. Nach dem Satze IV ist jede dieser Funktionen $f(x + t)\overline{f(t)}$ eine fastperiodische Funktion von t und besitzt also einen Mittelwert

$$\lim_{T \to \infty} \frac{1}{T} \int_0^T f(x + t)\,\overline{f(t)}\,dt = M_t\{f(x + t)\,\overline{f(t)}\}.$$

Wir wollen beweisen, daß diese Limesgleichung *gleichmäßig in x gilt,* daß also für ein gegebenes $\varepsilon > 0$ ein entsprechendes $T_0 = T_0(\varepsilon)$ derart gewählt werden kann, daß gleichzeitig für alle x die Ungleichung

$$(6) \qquad \left| \frac{1}{T} \int_0^T f(x + t)\,\overline{f(t)}\,dt - M_t\{f(x + t)\,\overline{f(t)}\} \right| < \varepsilon \ \text{für} \ T > T_0$$

besteht.

Der Beweis ist dem obigen analog. Nach der Ungleichung (4) besteht für jedes x die Ungleichung

$$\left|\frac{1}{T}\int_0^T f(x+t)\,\overline{f(t)}\,dt - M_t\{f(x+t)\,\overline{f(t)}\}\right| < \varepsilon \text{ für } T > T_{0,x} = \frac{4\,\Gamma_x L_x\left(\frac{\varepsilon}{2}\right)}{\varepsilon},$$

wenn mit Γ_x und $L_x\left(\frac{\varepsilon}{2}\right)$ die zu der Funktion $F_x(t) = f(x+t)\overline{f(t)}$ gehörigen Zahlen bezeichnet werden. Nun ist immer

$$|f(x+t)\,\overline{f(t)}| \leqq \Gamma^2;$$

also gilt bei jedem x, daß $\Gamma_x \leqq \Gamma^2$. Ferner ist für eine beliebige Zahl τ

$$F_x(t+\tau) - F_x(t)$$
$$= f(x+t+\tau)\,\overline{f(t+\tau)} - f(x+t)\,\overline{f(t)}$$
$$= [f(x+t+\tau) - f(x+t)]\cdot\overline{f(t+\tau)} + f(x+t)\cdot[\overline{f(t+\tau)} - \overline{f(t)}]$$

und also

$$|F_x(t+\tau) - F_x(t)|$$
$$\leqq |f(x+t+\tau) - f(x+t)|\cdot\Gamma + \Gamma\cdot|\overline{f(t+\tau)} - \overline{f(t)}|$$
$$= \Gamma\{|f(x+t+\tau) - f(x+t)| + |f(t+\tau) - f(t)|\},$$

so daß jede zu $\varepsilon/4\Gamma$ gehörige Verschiebungszahl τ von $f(x)$ eine zu $\varepsilon/2$ gehörige Verschiebungszahl von $F_x(t)$ sein muß; also läßt sich als Länge $L_x\left(\frac{\varepsilon}{2}\right)$ die zu der Funktion $f(x)$ gehörige Zahl $L\left(\frac{\varepsilon}{4\,\Gamma}\right)$ benutzen. Hiermit ist aber bewiesen, daß die Ungleichung (6) für

$$T > T_0 = \frac{4\,\Gamma^2 L\left(\frac{\varepsilon}{4\,\Gamma}\right)}{\varepsilon}$$

gilt, wo $T_0 = T_0(\varepsilon)$ von x unabhängig ist.

54. Zum Schluß wollen wir noch, einer späteren Anwendung wegen, den Mittelwert

$$g(x) = M_t\{f(x+t)\,\overline{f(t)}\}$$

als Funktion von x näher untersuchen. Wir wollen beweisen, daß $g(x)$ *eine fastperiodische Funktion ist.* Hierzu ist zunächst zu beweisen, daß $g(x)$ stetig ist; dies ergibt sich aber unmittelbar aus der gleichmäßigen Stetigkeit von $f(x)$. In der Tat folgt aus

$$|f(x_1) - f(x_2)| \leqq \varepsilon \quad \text{für} \quad |x_1 - x_2| \leqq \delta = \delta(\varepsilon),$$

daß für $|h| \leqq \delta$

$$|g(x+h) - g(x)| = \left|M_t\{[f(x+h+t) - f(x+t)]\cdot\overline{f(t)}\}\right| \leqq \varepsilon\Gamma$$

sein muß. Daß $g(x)$ fastperiodisch ist, ergibt sich daraus, daß jede zu ε/Γ gehörige Verschiebungszahl τ von $f(x)$ eine zu ε gehörige Verschiebungszahl von $g(x)$ ist, weil

$$\left| g(x+\tau) - g(x) \right| = \left| \underset{t}{M}\left\{ [f(x+\tau+t) - f(x+t)] \cdot \overline{f(t)} \right\} \right| \leqq \frac{\varepsilon}{\Gamma} \cdot \Gamma = \varepsilon$$

ist. — In genau derselben Weise ergibt sich das noch einfachere Resultat, daß bei jedem $T > 0$ die Funktion

$$g_T(x) = \frac{1}{T} \int\limits_0^T f(x+t)\,\overline{f(t)}\,dt$$

eine fastperiodische Funktion ist.

Den Mittelwert $M\{g(x)\}$ von $g(x)$ berechnet man in der folgenden Weise. Da nach dem Ergebnis von § 53 für $T \to \infty$ die Funktion $g_T(x)$ gleichmäßig gegen $g(x)$ konvergiert, ist nach einer früheren Bemerkung

$$M\{g(x)\} = \lim_{T \to \infty} M\{g_T(x)\}.$$

Nun ist aber bei jedem festen T

$$M\{g_T(x)\} = \lim_{X \to \infty} \frac{1}{X} \int\limits_0^X g_T(x)\,dx = \lim_{X \to \infty} \frac{1}{X} \int\limits_0^X \left(\frac{1}{T} \int\limits_0^T f(x+t)\,\overline{f(t)}\,dt \right) dx,$$

also nach Vertauschung der Integrationsreihenfolge

$$= \lim_{X \to \infty} \frac{1}{T} \int\limits_0^T \left(\frac{1}{X} \int\limits_0^X f(x+t)\,\overline{f(t)}\,dx \right) dt = \lim_{X \to \infty} \frac{1}{T} \int\limits_0^T \left(\frac{1}{X} \int\limits_0^X f(x+t)\,dx \right) \overline{f(t)}\,dt.$$

In dem letzten Integral strebt aber die Größe $\dfrac{1}{X} \int\limits_0^X f(x+t)\,dx$ für $X \to \infty$

gegen den Mittelwert $\underset{x}{M}\{f(x+t)\} = \underset{x}{M}\{f(x)\}$, und zwar (nach dem verschärften Mittelwertsatz) gleichmäßig in $-\infty < t < \infty$, also um so mehr gleichmäßig in dem endlichen Integrationsintervall $0 \leqq t \leqq T$. Hieraus folgt aber (da der beschränkte Faktor $\overline{f(t)}$ die Gleichmäßigkeit nicht stört), daß wir den Grenzübergang $X \to \infty$ unter dem Zeichen $\dfrac{1}{T} \int\limits_0^T \cdots dt$ ausführen können, woraus sich ergibt, daß

$$M\{g_T(x)\} = \frac{1}{T} \int\limits_0^T \underset{x}{M}\{f(x)\}\,\overline{f(t)}\,dt = \underset{x}{M}\{f(x)\} \frac{1}{T} \int\limits_0^T \overline{f(t)}\,dt.$$

Hieraus ergibt sich schließlich, daß

$$M\{g(x)\} = \lim_{T \to \infty} M\{g_T(x)\} = \underset{x}{M}\{f(x)\}\,\underset{t}{M}\{\overline{f(t)}\},$$

also

(*) $$M\{g(x)\} = \left| M\{f(x)\} \right|^2.$$

Diese Relation wird späterhin angewendet.

Bemerkung. Formal ergibt sich unmittelbar

$$M\{g(x)\} = M_x\{M_t\{f(x+t)\,\overline{f(t)}\}\} = M_t\{M_x\{f(x+t)\,\overline{f(t)}\}\}$$

$$= M_t\{\overline{f(t)}\,M_x\{f(x+t)\}\} = M_t\{\overline{f(t)}\,M_x\{f(x)\}\} = M_x\{f(x)\}\cdot M_t\{\overline{f(t)}\}.$$

Dabei haben wir aber die beiden Mittelwertbildungen M_x und M_t vertauscht, was im Allgemeinen **nicht** erlaubt ist (weil von Mittelwerten über ein unendliches Intervall die Rede ist). Der obige Beweis zeigt nun, daß in dem hier vorliegenden Fall die Vertauschung erlaubt ist, d. h. daß wirklich

$$M_x\{M_t\{f(x+t)\,\overline{f(t)}\}\} = M_t\{M_x\{f(x+t)\,\overline{f(t)}\}\}\,;$$

es beruht aber wesentlich auf den benutzten Gleichmäßigkeitssätzen, daß wir diese Relation aus der trivialen Relation

$$\frac{1}{X}\int_0^X\left(\frac{1}{T}\int_0^T f(x+t)\,\overline{f(t)}\,dt\right)dx = \frac{1}{T}\int_0^T\left(\frac{1}{X}\int_0^X f(x+t)\,\overline{f(t)}\,dx\right)dt$$

ableiten konnten.

Der Begriff der Fourierreihe einer fastperiodischen Funktion. Aufstellung der PARSEVALschen Gleichung.

55. Wir betrachten das System *aller reinen Schwingungen* $e^{i\lambda x}$, *wobei* λ *eine beliebige reelle Zahl bedeutet.* Jede Funktion $e^{i\lambda x}$ aus diesem nicht abzählbaren System ist periodisch, aber die Perioden sind verschieden. Im Gegensatz zu dem Fall der harmonischen Schwingungen e^{inx} ($n = 0, \pm 1, \pm 2, \ldots$), wo wir uns auf die Betrachtung des endlichen Intervalls $0 \leqq x \leqq 2\pi$ beschränken konnten (weil die Funktionen e^{inx} alle die Zahl 2π als gemeinsame Periode haben), müssen wir hier *das ganze unendliche Intervall* $-\infty < x < \infty$ betrachten. In diesem Intervall $-\infty < x < \infty$ ist unser überabzählbares System $\{e^{i\lambda x}\}$ ein normiertes Orthogonalsystem in dem Sinne, daß

$$M\{e^{i\lambda_1 x}\,e^{-i\lambda_2 x}\} = \lim_{T\to\infty}\frac{1}{T}\int_0^T e^{i\lambda_1 x}\,e^{-i\lambda_2 x}\,dx = \begin{cases} 0 & \text{für} \quad \lambda_1 \neq \lambda_2 \\ 1\cdot & \text{für} \quad \lambda_1 = \lambda_2\,. \end{cases}$$

Dies folgt unmittelbar daraus, daß

$$\int_0^T e^{i\lambda_1 x}\,e^{-i\lambda_2 x}\,dx = \int_0^T e^{i(\lambda_1-\lambda_2)x}\,dx = \begin{cases} \dfrac{e^{i(\lambda_1-\lambda_2)T}-1}{i\,(\lambda_1-\lambda_2)} & \text{für} \quad \lambda_1 \neq \lambda_2 \\ T & \text{für} \quad \lambda_1 = \lambda_2\,. \end{cases}$$

56. Es sei nun $f(x)$ eine beliebige *fastperiodische Funktion*; dann ist bei jedem reellen λ die Funktion $g(x)=f(x)\,e^{-i\lambda x}$ als Produkt der fastperiodischen Funktion $f(x)$ und der reinperiodischen Funktion $e^{-i\lambda x}$ wieder eine fastperiodische Funktion, und es existiert somit der Mittelwert

$$M\{f(x)\, e^{-i\lambda x}\} = \lim_{T \to \infty} \frac{1}{T} \int_0^T f(x)\, e^{-i\lambda x}\, dx\,.$$

Wir bezeichnen diese Zahl $M\{f(x)e^{-i\lambda x}\}$ mit $a(\lambda)$, wodurch also *eine zu der gegebenen fastperiodischen Funktion $f(x)$ gehörige Funktion $a(\lambda)$, $-\infty < \lambda < \infty$ definiert wird.*

Von fundamentaler Bedeutung für die Theorie ist nun der folgende (unten zu beweisende) Satz:

Die Funktion $a(\lambda) = M\{f(x)\, e^{-i\lambda x}\}$ ist Null für alle Werte von λ mit Ausnahme einer höchstens abzählbaren Menge von Zahlen λ.

Diese Tatsache ist es, welche es uns ermöglicht, den Begriff der Fourierreihe auf den Bereich der fastperiodischen Funktionen zu übertragen.

57. Wir leiten zuerst, genau wie in § 14, die folgende Formel ab.

Es seien $\lambda_1, \lambda_2, \ldots, \lambda_N$ beliebige, untereinander verschiedene reelle Zahlen und $c_1, c_2, \ldots, c_N$ beliebige komplexe Zahlen. Dann gilt

$$(1) \quad M\left\{|f(x) - \sum_1^N c_n\, e^{i\lambda_n x}|^2\right\} = M\{|f(x)|^2\} - \sum_1^N |a(\lambda_n)|^2 + \sum_1^N |c_n - a(\lambda_n)|^2.$$

Beweis. Wir bemerken zunächst, daß die beiden in dieser Formel auftretenden Mittelwerte einen Sinn haben; denn die beiden Funktionen $f(x)$ und $f(x) - \sum_1^N c_n\, e^{i\lambda_n x}$ (und daher auch die Quadrate ihrer absoluten Beträge) sind ja fastperiodische Funktionen. Es folgt nunmehr die Formel durch die folgende Rechnung:

$$M\left\{|f(x) - \sum_1^N c_n\, e^{i\lambda_n x}|^2\right\} = M\left\{\left(f(x) - \sum_1^N c_n e^{i\lambda_n x}\right)\left(\overline{f(x)} - \sum_1^N \overline{c_n}\, e^{-i\lambda_n x}\right)\right\}$$

$$= M\{f(x)\, \overline{f(x)}\} - \sum_1^N \overline{c_n}\, M\{f(x)\, e^{-i\lambda_n x}\} - \sum_1^N c_n\, M\{\overline{f(x)}\, e^{i\lambda_n x}\}$$

$$+ \sum_{n_1=1}^N \sum_{n_2=1}^N c_{n_1} \overline{c_{n_2}}\, M\{e^{i\lambda_{n_1} x}\, e^{-i\lambda_{n_2} x}\}$$

$$= M\{|f(x)|^2\} - \sum_1^N \overline{c_n}\, a(\lambda_n) - \sum_1^N c_n\, \overline{a(\lambda_n)} + \sum_{n=1}^N c_n \overline{c_n}$$

$$= M\{|f(x)|^2\} + \sum_1^N (c_n - a(\lambda_n))(\overline{c_n} - \overline{a(\lambda_n)}) - \sum_1^N a(\lambda_n)\, \overline{a(\lambda_n)}$$

$$= M\{|f(x)|^2\} - \sum_1^N |a(\lambda_n)|^2 + \sum_1^N |c_n - a(\lambda_n)|^2.$$

58. Werden in der Formel (1) die Konstanten c_n speziell gleich den Zahlen $a(\lambda_n)$ gewählt, so ergibt sich die Formel

$$(2) \qquad M\left\{\left|f(x) - \sum_1^N a(\lambda_n)\, e^{i\lambda_n x}\right|^2\right\} = M\{|f(x)|^2\} - \sum_1^N |a(\lambda_n)|^2.$$

Da die auf der linken Seite dieser Formel (2) stehende Größe — als Mittelwert einer reellen, nichtnegativen Funktion — offenbar eine reelle, nichtnegative Zahl ist, ergibt uns die Formel sofort die Ungleichung

$$(3) \qquad \sum_1^N |a(\lambda_n)|^2 \leqq M\{|f(x)|^2\}.$$

Es sei $M\{|f(x)|^2\}$ mit C bezeichnet. Dann kann es offenbar für jedes positive d höchstens *endlich viele* Werte von λ geben, für welche $|a(\lambda)| > d$ (nämlich weniger als C/d^2). Wir betrachten nun zunächst die Menge der Zahlen λ, für welche $|a(\lambda)| > 1$, und bezeichnen diese Zahlen etwa mit

$$\lambda_1,\ \lambda_2,\ \ldots,\ \lambda_{n_1};$$

sodann betrachten wir die Menge derjenigen Zahlen λ, für welche $1 \geqq |a(\lambda)| > \tfrac{1}{2}$, und bezeichnen sie mit

$$\lambda_{n_1+1},\ \lambda_{n_1+2},\ \ldots,\ \lambda_{n_2};$$

alsdann betrachten wir die Menge der Zahlen λ mit $\tfrac{1}{2} \geqq |a(\lambda)| > \tfrac{1}{3}$ usw. In dieser Weise erhalten wir *die Menge der sämtlichen Werte von λ, für welche $|a(\lambda)| > 0$, d. h. für welche $a(\lambda) \neq 0$, in der Form einer geordneten Folge*, und somit haben wir bewiesen, daß $a(\lambda)$ gleich Null ist für alle λ mit Ausnahme einer höchstens *abzählbaren* Menge von Zahlen λ. Diese letzteren Werte von λ (in einer beliebigen Weise geordnet) bezeichnen wir mit

$$\Lambda_1,\ \Lambda_2,\ \Lambda_3,\ \ldots$$

und nennen sie die *Fourierexponenten* der Funktion $f(x)$. Die entsprechenden Mittelwerte

$$a(\Lambda_1) = A_1,\qquad a(\Lambda_2) = A_2,\qquad a(\Lambda_3) = A_3,\qquad \ldots$$

nennen wir die *Fourierkoeffizienten* von $f(x)$, und wir verknüpfen mit $f(x)$ die (endliche oder unendliche) Reihe $\sum A_n e^{i\Lambda_n x}$ als ihre *Fourierreihe* und schreiben

$$f(x) \sim \sum A_n\, e^{i\Lambda_n x}.$$

Zuweilen empfiehlt es sich, eine andere Schreibweise zu verwenden, nämlich $f(x) \sim \sum a(\Lambda_n) e^{i\Lambda_n x}$, oder gar $f(x) \sim \sum a(\lambda) e^{i\lambda x}$, ohne ausdrückliche Angabe der Exponenten Λ_n; bei dieser letzteren Schreibweise erscheint also die Reihe formal als eine Summe über die nicht abzählbare Menge aller Zahlen $-\infty < \lambda < \infty$.

59. In dem speziellen Fall, wo $f(x)$ reinperiodisch ist mit der Periode 2π, reduziert sich die neue Definition der Fourierreihe auf die frühere (abgesehen von trivialen Unterschieden bezüglich der Ordnung der Glieder und Weglassung von Gliedern mit dem Koeffizienten Null). Dies ist keine Trivialität, obwohl es wegen der Periodizität von $f(x)e^{-inx}$ sofort klar ist, daß, wenn λ gleich der ganzen Zahl n ist,

$$a(\lambda) = \lim_{T \to \infty} \frac{1}{T} \int_0^T f(x)\, e^{-inx}\, dx = \lim_{m \to \infty} \frac{1}{m\,2\pi} \int_0^{m\,2\pi} f(x)\, e^{-inx}\, dx = \frac{1}{2\pi} \int_0^{2\pi} f(x)\, e^{-inx}\, dx$$

ist. Zu beweisen ist nämlich überdies, daß, wenn λ keine ganze Zahl ist,

$$a(\lambda) = M\{f(x)\, e^{-i\lambda x}\} = 0$$

sein muß. Dies ergibt sich wohl am einfachsten aus dem WEIERSTRASSschen Satz, wonach für ein gegebenes $\varepsilon > 0$ die Funktion $f(x)$ in der Form

$$f(x) = \sum{}^* b_n e^{inx} + R(x)$$

geschrieben werden kann, wobei $|R(x)| \leqq \varepsilon$ für alle x. Hieraus folgt nämlich, daß

$$M\{f(x)\, e^{-i\lambda x}\} = \sum{}^* b_n M\{e^{i(n-\lambda)x}\} + M\{R(x)\, e^{-i\lambda x}\} = M\{R(x)\, e^{-i\lambda x}\},$$

so daß

$$|a(\lambda)| = |M\{R(x)\, e^{-i\lambda x}\}| \leqq \varepsilon$$

wird. Da dies bei jedem $\varepsilon > 0$ gelten soll, muß $a(\lambda) = 0$ sein.

Es sei bemerkt, daß man den letzten Beweis auch ohne Heranziehung des WEIERSTRASSschen Satzes durch eine ganz primitive Schlußweise führen kann. Wenn λ keine ganze Zahl ist, ist ja $e^{-i\lambda 2\pi} \neq 1$; also ist

$$\frac{1}{m\,2\pi} \int_0^{m\,2\pi} f(x)\, e^{-i\lambda x}\, dx = \frac{1}{m\,2\pi} \left\{ \int_0^{2\pi} + \int_{2\pi}^{4\pi} + \cdots + \int_{(m-1)2\pi}^{m\,2\pi} f(x)\, e^{-i\lambda x}\, dx \right\}$$

$$= \frac{1}{m} \left\{ 1 + e^{-i\lambda 2\pi} + \cdots + e^{-i\lambda(m-1)2\pi} \right\} \frac{1}{2\pi} \int_0^{2\pi} f(x)\, e^{-i\lambda x}\, dx$$

$$= \frac{1}{m} \frac{1 - e^{-i\lambda m 2\pi}}{1 - e^{-i\lambda 2\pi}} \frac{1}{2\pi} \int_0^{2\pi} f(x)\, e^{-i\lambda x}\, dx$$

und folglich

$$a(\lambda) = \lim_{m \to \infty} \frac{1}{m\,2\pi} \int_0^{m\,2\pi} f(x)\, e^{-i\lambda x}\, dx = 0.$$

60. Zur weiteren Verdeutlichung des Begriffes der Fourierreihe einer fastperiodischen Funktion führen wir noch den folgenden Satz an.

SPEZIELLER SATZ. *Es sei die Reihe* $\sum a_n e^{i\lambda_n x}$ (mit reellen, voneinander verschiedenen Exponenten $\lambda_1, \lambda_2, \lambda_3, \ldots$ und von Null verschiedenen Koeffizienten) *gleichmäßig konvergent für* $-\infty < x < \infty$ (oder sie bestehe aus nur endlich vielen Gliedern). *Dann ist diese Reihe die Fourierreihe ihrer Summe $f(x)$.*

Beweis. Wir wissen schon, daß die Summe $f(x)$ eine fastperiodische Funktion ist; zu beweisen ist, daß

$$a(\lambda) = M\{f(x)\, e^{-i\lambda x}\} = M\{\textstyle\sum a_n e^{i\lambda_n x}\, e^{-i\lambda x}\} = \begin{cases} a_n & \text{für } \lambda = \lambda_n \\ 0 & \text{für } \lambda \neq \lambda_n. \end{cases}$$

Dies folgt aber sofort daraus, daß auch die Reihe $\sum a_n e^{i\lambda_n x} e^{-i\lambda x}$ (falls sie überhaupt unendlich viele Glieder enthält) gleichmäßig für $-\infty < x < \infty$ konvergiert, und daß deshalb die Mittelwertbildung gliedweise ausgeführt werden darf.

Corollar. Es sei $\Lambda_1, \Lambda_2, \ldots, \Lambda_n, \ldots$ eine *völlig beliebige* (endliche oder unendliche) Folge von reellen Zahlen. Dann läßt sich eine fastperiodische Funktion konstruieren, welche gerade die Zahlen Λ_n als Fourierexponenten besitzt. [Es kann also z. B. die Exponentenfolge $\{\Lambda_n\}$ sehr wohl Häufungspunkte im Endlichen besitzen oder sogar im ganzen Intervall $-\infty < \lambda < \infty$ überall dicht liegen.]

Falls nämlich zu den gegebenen Exponenten Λ_n die Koeffizienten $a_n \neq 0$ so gewählt werden, daß $\sum |a_n|$ konvergiert (was z. B. für $a_n = \dfrac{1}{2^n}$ der Fall ist), so wird ja die Reihe $\sum a_n e^{i\Lambda_n x}$ gewiß eine Fourierreihe sein, nämlich die Fourierreihe ihrer Summe $f(x)$.

61. Nach dieser Einschaltung nehmen wir den Faden der Entwicklung wieder auf, d. h. wir betrachten nunmehr wieder eine beliebige fastperiodische Funktion $f(x) \sim \sum A_n e^{i\Lambda_n x}$. Wir wenden die Ungleichung (3) von § 58 an und finden bei der Wahl $\lambda_n = \Lambda_n$, daß bei jedem N

$$\sum_{1}^{N} |A_n|^2 \leqq M\{|f(x)|^2\}.$$

Also ist die Reihe (mit positiven Gliedern)

$$\sum |A_n|^2$$

konvergent (falls sie überhaupt unendlich viele Glieder enthält), *und ihre Summe ist*

$$\leqq M\{|f(x)|^2\}.$$

Es wird sich später die fundamentale Tatsache ergeben, daß, genau wie in dem Fall der reinperiodischen Funktionen, in dieser Relation stets das Gleichheitszeichen besteht, d. h. auch für eine beliebige fastperiodische Funktion gilt die PARSEVALsche *Gleichung*

$$\sum |A_n|^2 = M\{|f(x)|^2\}.$$

62. Ganz wie bei den gewöhnlichen Fourierreihen reinperiodischer Funktionen können wir auch hier diesem Satz eine andersartige Formulierung geben, aus welcher seine zentrale Stellung in der Theorie deutlicher hervorgeht. In der Tat ersieht man aus der Formel

$$M\left\{|f(x) - \sum_1^N A_n\, e^{i\,A_n x}|^2\right\} = M\{|f(x)|^2\} - \sum_1^N |A_n|^2,$$

welche aus der Formel (2) von § 58 bei der Wahl $\lambda_n = A_n$ hervorgeht, daß der Inhalt der PARSEVALschen Gleichung in dem Fall, wo die Fourierreihe nur endlich viele, etwa N_0 Glieder enthält, mit der Gleichung

$$M\left\{|f(x) - \sum_1^{N_0} A_n\, e^{i\,A_n x}|^2\right\} = 0,$$

und in dem allgemeinen Fall, wo die Fourierreihe unendlich viele Glieder enthält, mit der Limesgleichung

$$\lim_{N\to\infty} M\left\{|f(x) - \sum_1^N A_n\, e^{i\,A_n x}|^2\right\} = 0$$

gleichbedeutend ist, welche letztere besagt, daß die Abschnitte der Fourierreihe *im Mittel gegen $f(x)$ konvergieren*.

63. Wir bemerken noch, daß man — ganz unabhängig von der tiefliegenden PARSEVALschen Gleichung, welche die Frage erledigt, ob es möglich ist, eine fastperiodische Funktion mit beliebiger Genauigkeit durch die Abschnitte ihrer Fourierreihe im Mittel zu approximieren — aus der Formel (1) von § 57 sofort schließen kann, *daß man, wenn man eine fastperiodische Funktion $f(x)$ durch eine endliche trigonometrische Summe $\sum_1^N c_n e^{i\lambda_n x}$ im Mittel zu approximieren wünscht, die Glieder $c_n e^{i\lambda_n x}$ unter den Gliedern der Fourierreihe der Funktion wählen muß.* Denn einerseits zeigt ja die Formel (1), daß man die Exponenten λ_n unter den Fourierexponenten A_n zu wählen hat, weil man eine bessere Approximation, d. h. einen kleineren mittleren Fehler erhält, wenn etwaige Glieder $c_n e^{i\lambda_n x}$, für welche λ_n keiner der Fourierexponenten ist, einfach aus der Summe weggelassen werden, und andererseits besagt sie, daß man, nachdem die Exponenten λ_n alle unter den Fourierexponenten A_n gewählt sind, die Koeffizienten c_n gleich den entsprechenden Fourierkoeffizienten A_n wählen muß, weil jede andere Wahl der Zahlen c_n offenbar ein schlechteres Approximationsresultat ergibt.

Das Rechnen mit Fourierreihen.

64. Die meisten Sätze über das Rechnen mit Fourierreihen sind für fastperiodische Funktionen ganz analog zu den entsprechenden Sätzen für reinperiodische Funktionen.

Aus $f(x) \sim \sum A_n e^{i A_n x}$ folgen zunächst die einfachen Formeln

$$(1) \qquad\qquad k f(x) \sim \sum k A_n \cdot e^{i A_n x}$$

(k eine beliebige komplexe Konstante). Denn

$$M\{k f(x)\, e^{-i\lambda x}\} = k M\{f(x)\, e^{-i\lambda x}\}.$$

$$(2) \qquad\qquad e^{i A x} f(x) \sim \sum A_n e^{i(A + A_n)x}$$

Denn $\qquad M\{e^{i\Lambda x} f(x)\, e^{-i\lambda x}\} = M\{f(x)\, e^{i(\Lambda-\lambda)x}\}\,.$

(3) $\qquad\qquad f(x+k) \sim \sum A_n\, e^{i\Lambda_n k} \cdot e^{i\Lambda_n x}$

(k eine beliebige reelle Konstante). Denn

$$M\{f(x+k)\, e^{-i\lambda x}\} = e^{i\lambda k} M\{f(x+k)\, e^{-i\lambda(x+k)}\} = e^{i\lambda k} M\{f(x)\, e^{-i\lambda x}\}\,.$$

(4) $\qquad\qquad \overline{f(x)} \sim \sum \overline{A_n}\, e^{-i\Lambda_n x}\,.$

Denn

$$M\{\overline{f(x)}\, e^{-i\lambda x}\} = \overline{M\{f(x)\, e^{+i\lambda x}\}}\,.$$

Aus $f_1(x) \sim \sum A_n\, e^{i\Lambda_n x}$ und $f_2(x) \sim \sum B_n\, e^{iM_n x}$ folgt ferner

(5) $\qquad\qquad f_1(x) + f_2(x) \sim \sum C_n\, e^{iN_n x}\,,$

wo die letzte Reihe durch formale Addition der beiden Reihen $\sum A_n\, e^{i\Lambda_n x}$ und $\sum B_n\, e^{iM_n x}$ entsteht. In der Tat gilt

$$M\{(f_1(x) + f_2(x))\, e^{-i\lambda x}\} = M\{f_1(x)\, e^{-i\lambda x}\} + M\{f_2(x)\, e^{-i\lambda x}\}\,.$$

[Aus den Formeln (1) und (5) folgt z. B., daß die Fourierreihe der Differenz $f_1(x) - f_2(x)$ durch formale Subtraktion der Fourierreihen von $f_1(x)$ und $f_2(x)$ entsteht.]

65. Im Gegensatz zu den bisher genannten Sätzen, die ja ganz auf der Oberfläche liegen, ist der folgende *allgemeine Multiplikationssatz* ein tiefliegender Satz.

Die Fourierreihe des Produktes $f_1(x)\, f_2(x)$ entsteht durch formale Multiplikation der beiden Reihen $\sum A_n\, e^{i\Lambda_n x}$ und $\sum B_n\, e^{iM_n x}$, d. h. es gilt die Formel

(6) $\qquad f_1(x)\, f_2(x) \sim \sum D_n\, e^{i\Pi_n x} \quad$ mit $\quad D_n = \sum_{\Lambda_p + M_q = \Pi_n} A_p B_q\,.$

Mit anderen Worten: Der Exponent Π_n durchläuft die Zahlen der Form $\Lambda_p + M_q$, und der entsprechende Koeffizient D_n ist durch die angegebene Summe gegeben, wo die Reihe, falls sie unendlich viele Glieder enthält, absolut konvergiert (und wo natürlich eventuelle Glieder $D_n\, e^{i\Pi_n x}$ mit $D_n = 0$ weggelassen werden sollen).

Wir wollen diesen Satz erst später (in §§ 74—76) beweisen.

66. Wichtig für eine spätere Anwendung ist es, bei gegebenem $f(x) \sim \sum A_n\, e^{i\Lambda_n x}$ die Fourierreihe der „*gefalteten Funktion*"

$$g(x) = M\{f(x+t)\, \overline{f(t)}\}$$

zu finden. Wir wissen nach § 54, daß diese Funktion $g(x)$ eine fastperiodische Funktion ist. Es soll nun bewiesen werden, daß

(7) $\qquad\qquad g(x) \sim \sum |A_n|^2\, e^{i\Lambda_n x}\,,$

d. h. daß bei jedem λ der Mittelwert

$$M\{g(x)\, e^{-i\lambda x}\} = |a(\lambda)|^2 = \big|M\{f(x)\, e^{-i\lambda x}\}\big|^2$$

ist. Für $\lambda = 0$ ist dies die schon in § 54 bewiesene Relation

(*) $$M\{g(x)\} = |M\{f(x)\}|^2.$$

Hieraus ergibt sich aber sofort die allgemeinere Relation; ersetzt man nämlich in der Gleichung (*) $f(x)$ durch die Funktion $f(x)e^{-i\lambda x}$, so ist gleichzeitig $g(x)$ durch die gefaltete Funktion

$$M_t\{f(x+t)\,e^{-i\lambda(x+t)}\,\overline{f(t)}\,e^{i\lambda t}\} = g(x)\,e^{-i\lambda x}$$

zu ersetzen, und die Relation (*) geht in die allgemeine Relation

$$M\{g(x)\,e^{-i\lambda x}\} = |M\{f(x)\,e^{-i\lambda x}\}|^2$$

über.

Bemerkung. Genau wie in dem Fall der reinperiodischen Funktionen ist die Formel (7) ein Spezialfall einer allgemeineren Formel, wonach, wenn $f_1(x) \sim \sum A_n e^{i\Lambda_n x}$ und $f_2(x) \sim \sum B_n e^{iM_n x}$ zwei beliebige fastperiodische Funktionen bedeuten, die Funktion

$$g(x) = M_t\{f_1(x+t)\,f_2(t)\}$$

wieder fastperiodisch ist und als Fourierreihe d'e Reihe

(8) $$g(x) \sim \sum E_n e^{iP_n x}$$

besitzt, wo P_n diejenigen der Zahlen Λ_n durchläuft, für welche $-\Lambda_n$ unter den Zahlen M_n vorkommt, und wo $E_n = A_p B_q$, wenn $P_n = \Lambda_p = -M_q$ ist. Der Beweis dieser Formel ist ein wenig umständlicher als der Beweis der (im Folgenden allein zu verwendenden) Formel (7).

67. Es sei eine Folge von fastperiodischen Funktionen

$$f_m(x) \sim \sum A_n^{(m)} e^{i A_n^{(m)} x}$$

gegeben, die für $m \to \infty$ gleichmäßig für alle x einer Grenzfunktion $f(x)$ zustrebt. Dann ist

(9) $$f(x) = \lim_{m \to \infty} f_m(x) \sim \lim_{m \to \infty} \sum A_n^{(m)} e^{i A_n^{(m)} x}$$

Dies ist so zu verstehen, daß bei jedem festen λ die Limesgleichung

$$M\{f(x)\,e^{-i\lambda x}\} = \lim_{m \to \infty} M\{f_m(x)\,e^{-i\lambda x}\}$$

gilt, sogar gleichmäßig für alle λ.

Der Beweis ergibt sich unmittelbar daraus, daß

$$M\{f(x)\,e^{-i\lambda x}\} - M\{f_m(x)\,e^{-i\lambda x}\} = M\{[f(x) - f_m(x)]\,e^{-i\lambda x}\}$$

ist. Wird $\varepsilon > 0$ beliebig gegeben, so gibt es dazu ein $M = M(\varepsilon)$ so, daß, sobald $m > M$,

$$|f(x) - f_m(x)| \leq \varepsilon \text{ für alle } x.$$

Hieraus folgt aber, daß

$$|M\{f(x)\,e^{-i\lambda x}\} - M\{f_m(x)\,e^{-i\lambda x}\}| \leq \varepsilon \quad \text{für} \quad m > M \text{ und alle } \lambda.$$

68. Zum Schluß behandeln wir noch die Frage nach dem *unbestimmten Integral* $F(x)$ einer fastperiodischen Funktion $f(x) \sim \sum A_n e^{i \Lambda_n x}$. Da sich die verschiedenen unbestimmten Integrale nur um eine additive Konstante unterscheiden, ist es gleichgültig, welches unter ihnen wir betrachten, z. B.

$$F(x) = \int_0^x f(\xi)\, d\xi\,.$$

Wir wollen die Frage erörtern, wann diese Funktion $F(x)$ fastperiodisch wird, und welche Fourierreihe sie in diesem Fall besitzt.

An dieser Stelle hört die unmittelbare Analogie mit den reinperiodischen Funktionen auf. Man würde erwarten, daß $F(x)$ fastperiodisch wäre, dann und nur dann, wenn die Fourierreihe von $f(x)$ kein konstantes Glied enthält, d. h. wenn $M\{f(x)\} = 0$ ist, und daß in diesem Fall die Formel

$$(10) \qquad F(x) \sim C + \sum \frac{A_n}{i \Lambda_n} e^{i \Lambda_n x} \qquad\qquad C = \text{const.}$$

bestünde. Es zeigt sich aber, daß die Bedingung $M\{f(x)\} = 0$ zwar notwendig, aber nicht mehr hinreichend für die Fastperiodizität von $F(x)$ ist. Wenn aber $F(x)$ fastperiodisch ist (und hierfür wird in § 69 eine äußerst einfache notwendige und hinreichende Bedingung angegeben), so gilt die Formel **(10)**.

Beweis. Man sieht unmittelbar, daß es zur Fastperiodizität von $F(x)$ notwendig ist, daß

$$M\{f(x)\} = 0$$

ist. In der Tat folgt aus $M\{f(x)\} = c \neq 0$, d. h. aus

$$\lim_{T \to \infty} \frac{1}{T} \int_0^T f(x)\, dx = \lim_{T \to \infty} \frac{F(T)}{T} = c\,,$$

daß $F(x)$ nicht einmal beschränkt bleibt. Und daß ferner, wenn das Integral $F(x)$ fastperiodisch ist, seine Fourierreihe durch die Formel **(10)** gegeben wird, ergibt sich sofort durch partielle Integration. In der Tat findet man bei jedem $\lambda \neq 0$

$$M\{F(x) e^{-i\lambda x}\} = \lim_{T \to \infty} \frac{1}{T} \int_0^T F(x)\, e^{-i\lambda x}\, dx$$

$$= \lim_{T \to \infty} \frac{1}{T} \left(\left[F(x) \frac{e^{-i\lambda x}}{-i\lambda} \right]_0^T + \frac{1}{i\lambda} \int_0^T f(x)\, e^{-i\lambda x}\, dx \right)$$

$$= -\frac{1}{i\lambda} \lim_{T \to \infty} \frac{F(T)}{T} e^{-i\lambda T} + \frac{1}{i\lambda} M\{f(x) e^{-i\lambda x}\} = \frac{1}{i\lambda} M\{f(x) e^{-i\lambda x}\}\,,$$

da ja nach dem soeben Bemerkten die vorausgesetzte Fastperiodizität von $F(x)$ die Gleichung $M\{f(x)\}=0$, d. h. die Limesgleichung $\lim\limits_{T\to\infty}\dfrac{F(T)}{T}=0$ zur Folge hat.

Es bleibt noch übrig, zu beweisen, daß die Bedingung $M\{f(x)\} = 0$ für die Fastperiodizität von $F(x)$ **nicht hinreichend** ist. Dies ergibt sich aber sofort aus dem soeben Bewiesenen. Wählt man nämlich eine Folge von Koeffizienten $A_n \neq 0$ und eine Folge von (verschiedenen) Exponenten $\varLambda_n \neq 0$, so daß die Reihe $\sum\limits_1^\infty |A_n|$ konvergiert und gleichzeitig die Reihe $\sum\limits_1^\infty \left|\dfrac{A_n}{\varLambda_n}\right|^2$ divergiert (was z. B. für $A_n=\varLambda_n=\dfrac{1}{2^n}$ der Fall ist), so erfüllt die durch die gleichmäßig konvergente Reihe $\sum A_n\, e^{i\,\varLambda_n x}$ dargestellte Funktion

$$f(x) = \sum A_n\, e^{i\cdot\varLambda_n x}$$

offenbar (wegen $\varLambda_n \neq 0$ für alle n) die Bedingung $M\{f(x)\} = 0$ und hat ferner als Fourierreihe eben die Reihe $\sum A_n\, e^{i\cdot\varLambda_n x}$. Ihr Integral $F(x)$ ist aber sicher keine fastperiodische Funktion; wäre sie nämlich fastperiodisch, so hätten wir nach dem Obigen

$$F(x) \backsim C + \sum \frac{A_n}{i\,\varLambda_n}\, e^{i\cdot\varLambda_n x};$$

die hier auf der rechten Seite auftretende Reihe ist aber wegen der Divergenz von $\sum\limits_1^\infty \left|\dfrac{A_n}{\varLambda_n}\right|^2$ überhaupt nicht die Fourierreihe einer fastperiodischen Funktion.

69. Wir beweisen noch einen sehr interessanten Satz, welcher eine **notwendige und hinreichende** Bedingung für die Fastperiodizität des Integrales $F(x)$ liefert. Diese Bedingung besagt, daß die bloße Forderung der **Beschränktheit** von $F(x)$ für die Fastperiodizität dieser Funktion genügt, d. h. daß der folgende Satz richtig ist:

Satz. *Für die Fastperiodizität des Integrals $F(x)$ ist nicht nur notwendig, sondern auch hinreichend, daß $F(x)$ beschränkt bleibt.*

Beweis. Es darf offenbar $f(x)$ und also auch $F(x)$ reell angenommen werden. Nach Voraussetzung ist die Funktion $F(x)$ beschränkt; wir bezeichnen ihre untere und obere Grenze mit k_1 bzw. k_2 (wo $k_1 < k_2$ angenommen werden kann, da im Falle $k_1 = k_2$ das Integral $F(x)$ konstant ist).

Es sei $\varepsilon > 0$ beliebig gegeben. Der Beweis wird dadurch erbracht, *daß eine Zahl $\varepsilon_1 = \varepsilon_1(\varepsilon, f(x))$ so angegeben wird, daß jede zu ε_1 gehörige Verschiebungszahl der gegebenen Funktion $f(x)$ auch eine zu ε gehörige Verschiebungszahl des Integrales $F(x)$ ist.*

Zu diesem Zwecke wählen wir zwei feste Werte x_1 und x_2 (wir werden im Folgenden den kleineren unter ihnen mit ξ und ihren Abstand $|x_2 - x_1|$ mit d bezeichnen) derart, daß

$$F(x_1) < k_1 + \frac{\varepsilon}{6} \quad \text{und} \quad F(x_2) > k_2 - \frac{\varepsilon}{6}$$

ist, und bestimmen danach die Länge $l_0 = L\left(\dfrac{\varepsilon}{6d}\right)$ derart, daß in jedem Intervall dieser Länge mindestens eine zu $\varepsilon/6d$ gehörige Verschiebungszahl τ der Funktion $f(x)$ gelegen ist. Wir werden zunächst nur beweisen, daß die Schwingungen von $F(x)$ eine gewisse „Regelmäßigkeit" aufweisen, nämlich, *daß sich in jedem Intervall $(\alpha, \alpha + L_0)$ der Länge $L_0 = l_0 + d$ zwei Werte z_1 und z_2 so finden lassen, daß*

$$(1) \qquad F(z_1) < k_1 + \frac{\varepsilon}{2} \quad und \quad F(z_2) > k_2 - \frac{\varepsilon}{2}$$

ist. In der Tat können wir nach der Definition der Länge l_0 eine Verschiebungszahl $\tau = \tau\left(\dfrac{\varepsilon}{6d}\right)$ der Funktion $f(x)$ so wählen, daß die Zahl $\xi + \tau$ in das Intervall $(\alpha, \alpha + l_0)$ fällt und daher die beiden Zahlen $x_1 + \tau = z_1$ und $x_2 + \tau = z_2$ in das größere Intervall $(\alpha, \alpha + L_0)$ zu liegen kommen; dann gilt die Relation

$$F(z_2)-F(z_1) = F(x_2)-F(x_1)+\int\limits_{z_1}^{z_2}f(y)\,dy-\int\limits_{x_1}^{x_2}f(y)\,dy = F(x_2)-F(x_1)+\int\limits_{x_1}^{x_2}(f(y+\tau)-f(y))\,dy$$

und also die Ungleichung

$$F(z_2) - F(z_1) \geqq F(x_2) - F(x_1) - d\,\frac{\varepsilon}{6d} > k_2 - k_1 - \frac{2\varepsilon}{6} - \frac{\varepsilon}{6} = k_2 - k_1 - \frac{\varepsilon}{2}\,;$$

diese Ungleichung $F(z_2) - F(z_1) > k_2 - k_1 - \dfrac{\varepsilon}{2}$ ist aber nach der Bedeutung von k_1 und k_2 nur möglich, wenn $F(z_1)$ und $F(z_2)$ die gewünschten Ungleichungen (1) erfüllen.

Wir behaupten nun, daß die „kleine" Zahl $\varepsilon_1 = \dfrac{\varepsilon}{2L_0}$ die oben erwähnte Eigenschaft besitzt, daß also jede „feine", d. h. zu ε_1 gehörige Verschiebungszahl τ der Funktion $f(x)$ eine zu ε gehörige Verschiebungszahl der Funktion $F(x)$ ist, d. h. die Ungleichung

$$(2) \qquad |F(x + \tau) - F(x)| \leqq \varepsilon$$

für alle x befriedigt. Hierzu bedienen wir uns eines einfachen Kunstgriffes, indem wir den Beweis der Ungleichung (2) dadurch erbringen, daß die beiden „einseitigen" Abschätzungen

$$(3\,a) \qquad F(x + \tau) - F(x) \geqq -\varepsilon$$
und
$$(3\,b) \qquad F(x + \tau) - F(x) \leqq \varepsilon$$

je für sich abgeleitet werden.

a) Zum Beweise der Ungleichung (3a) wählen wir zu dem beliebig gegebenen x eine Zahl z_1 aus dem Intervalle $(x, x + L_0)$, für welche $F(z_1) < k_1 + \dfrac{\varepsilon}{2}$ ist. Dann ist

$$F(x + \tau) - F(x) = F(z_1 + \tau) - F(z_1) + \int\limits_{x}^{x+\tau}f(y)\,dy - \int\limits_{z_1}^{z_1+\tau}f(y)\,dy$$

$$= F(z_1 + \tau) - F(z_1) + \int\limits_{x}^{z_1}f(y)\,dy - \int\limits_{x+\tau}^{z_1+\tau}f(y)\,dy$$

$$> k_1 - \left(k + \frac{\varepsilon}{2}\right) - \left|\int\limits_{x}^{z_1}(f(y+\tau)-f(y))\,dy\right| > -\frac{\varepsilon}{2} - L_0\frac{\varepsilon}{2L_0} = -\varepsilon.$$

b) Der Beweis der Ungleichung (3b) verläuft ebenso, nur daß wir hier einen Punkt z_2 im Intervalle $(x, x + L_0)$ benutzen, in welchem $F(z_2) > k_2 - \dfrac{\varepsilon}{2}$ ist. Wir erhalten dann in analoger Weise:

$$F(x + \tau) - F(x) = F(z_2 + \tau) - F(z_2) + \int_x^{z_2} f(y)\, dy - \int_{x+\tau}^{z_2+\tau} f(y)\, dy$$

$$< k_2 - \left(k_2 - \frac{\varepsilon}{2}\right) + \left| \int_x^{z_2} (f(y + \tau) - f(y))\, dy \right| < \frac{\varepsilon}{2} + L_0 \frac{\varepsilon}{2 L_0} = \varepsilon.$$

Hiermit ist der Beweis zu Ende.

Der Eindeutigkeitssatz. Seine Äquivalenz mit der PARSEVALschen Gleichung.

70. Wie wir später beweisen werden, gilt für fastperiodische Funktionen derselbe fundamentale Satz wie für reinperiodische Funktionen: *Eine fastperiodische Funktion ist immer eindeutig durch ihre Fourierreihe bestimmt*, d. h. zwei verschiedenen Funktionen $f_1(x)$ und $f_2(x)$ entsprechen immer zwei verschiedene Fourierreihen. Genau wie in dem Fall der reinperiodischen Funktionen läßt sich auch hier dieser *Eindeutigkeitssatz* in einer anderen Weise aussprechen. Hierzu betrachten wir die Funktion $f(x) = f_1(x) - f_2(x)$; wie früher bemerkt, entsteht die Fourierreihe dieser Funktion $f(x)$ durch formale Subtraktion der beiden zu $f_1(x)$ und $f_2(x)$ gehörigen Fourierreihen. Die beiden Funktionen $f_1(x)$ und $f_2(x)$ haben also dann und nur dann dieselbe Fourierreihe, wenn für die Funktion $f(x)$ die zugehörige Fourierreihe kein einziges Glied enthält, d. h. wenn

$$a(\lambda) = M\{f(x)\, e^{-i\lambda x}\} = 0$$

ist für alle λ. Der Eindeutigkeitssatz läßt sich also auch so formulieren: *Es gibt keine nicht identisch verschwindende fastperiodische Funktion $f(x)$, für welche $a(\lambda) = 0$ ist für alle λ.*

Unter Verwendung einer ähnlichen Terminologie wie bei den harmonischen Schwingungen e^{inx} können wir auch hier bei dem überabzählbaren System aller Schwingungen $e^{i\lambda x}$ die Aussage des Eindeutigkeitssatzes — also die Aussage, daß es keine (nicht identisch verschwindende) fastperiodische Funktion $f(x)$ gibt, welche für jedes λ die Orthogonalitätsbeziehung

$$M\{f(x)\, e^{-i\lambda x}\} = 0$$

erfüllt — dahin aussprechen, daß *das im Intervall $-\infty < x < \infty$ orthogonale System $\{e^{i\lambda x}\}$ innerhalb der Klasse der fastperiodischen Funktionen „vollständig" ist*. [Auch hier hätten wir uns auf die Betrachtung „normierter" Funktionen beschränken können; denn wie wir in § 72 zeigen werden, läßt sich für eine beliebige, nicht identisch verschwindende, fastperiodische Funktion immer durch Multiplikation mit einer passend gewählten Konstanten erreichen, daß der Mittelwert ihres absoluten Quadrates gleich 1 wird.]

Es muß aber ausdrücklich hervorgehoben werden, daß es in der vorangehenden Aussage durchaus unzulässig wäre, die Worte „innerhalb der

Klasse der fastperiodischen Funktionen" zu streichen. Es gibt nämlich sogar sehr einfache, nicht-fastperiodische Funktionen $f(x)$, welche für jedes λ die Orthogonalitätsbedingung

$$\lim_{T \to \infty} \frac{1}{T} \int_a^{a+T} f(x)\, e^{-i\lambda x}\, dx = 0$$

(sogar gleichmäßig in a) erfüllen, ohne identisch Null zu sein. Dies gilt nicht nur in solchen trivialen Fällen, wo etwa $f(x) \to 0$ für $|x| \to \infty$, sondern auch, wie durch einfache Abschätzungen einzusehen ist, für Funktionen wie e^{ix^2} oder $e^{i\sqrt[3]{x}}$ (von denen die erste für $|x| \to \infty$ „sehr schnelle", die zweite „sehr langsame" Schwingungen ausführt), und für welche der absolute Betrag sogar konstant gleich 1 ist.

Beispiel. Wird eine reinperiodische Funktion $f(x)$ der Periode 2π als fastperiodische Funktion aufgefaßt, so wissen wir (nach § 59), daß ihre Fourierexponenten Λ_n alle **ganz** sind. Aus dem Eindeutigkeitssatz folgt nun umgekehrt, daß eine fastperiodische Funktion $f(x) \sim \sum A_n e^{i\Lambda_n x}$ mit lauter ganzzahligen Exponenten notwendig **reinperiodisch** der Periode 2π sein muß; in der Tat ist ja die Fourierreihe der Funktion $f(x + 2\pi)$, welche (nach Formel (3) in § 64) einfach aus der Fourierreihe von $f(x)$ durch Ersetzung von x mit $x + 2\pi$ entsteht, mit dieser Reihe $\sum A_n e^{i\Lambda_n x}$ identisch.

71. Der Eindeutigkeitssatz ist ein wirklich tiefliegender Satz, dessen Beweis wir erst später führen können. Vorläufig wollen wir uns damit begnügen, zu zeigen, daß er mit dem anderen fundamentalen Satz der Theorie, der PARSEVAL*schen Gleichung*, völlig äquivalent ist, welche besagt, daß *für eine beliebige fastperiodische Funktion* $f(x) \sim \sum A_n e^{i\Lambda_n x}$ *die Relation*

$$\sum |A_n|^2 = M\{|f(x)|^2\}$$

besteht. Der Beweis dieser Äquivalenz ist zu dem entsprechenden Beweis für periodische Funktionen völlig analog.

1°. *Aus der* PARSEVAL*schen Gleichung folgt der Eindeutigkeitssatz.*

Beweis. Es sei $f(x)$ eine fastperiodische Funktion, deren Fourierreihe kein einziges Glied enthält. Dann folgt aus der PARSEVAL*schen Gleichung $M\{|f(x)|^2\} = \sum |A_n|^2$, daß $M\{|f(x)|^2\} = 0$ ist; unsere Aufgabe ist, auf Grund dieser Gleichung $M\{|f(x)|^2\} = 0$ zu schließen, daß $f(x)$ identisch verschwindet. Für reinperiodische Funktionen ist der entsprechende Schluß trivial, und zwar weil der Mittelwert einer nicht-negativen stetigen Funktion über ein **endliches** Intervall nur dann Null sein kann, wenn die Funktion identisch gleich Null ist. Für fastperiodische Funktionen, wo es sich um den Mittelwert über ein **unendliches** Intervall handelt, ist der Schluß (glücklicherweise) ebenfalls richtig, aber nicht so unmittelbar. Wir ziehen vor, den Beweis etwas hinauszuschieben, um dann in demselben Zusammenhang einige weitere Sätze zu beweisen, die für das Folgende notwendig sind.

$2°$. *Aus dem Eindeutigkeitssatz folgt die* PARSEVAL*sche Gleichung.*

Beweis. Es sei $f(x) \sim \sum A_n e^{i \Lambda_n x}$ eine beliebige fastperiodische Funktion. Wir bilden (nach Formel (7) in § 66) die, wiederum fastperiodische, Funktion

$$g(x) = M_t\{f(x+t)\,\overline{f(t)}\} \sim \sum |A_n|^2 e^{i \Lambda_n x}.$$

Da nun die Reihe $\sum |A_n|^2$ konvergent ist (mit einer Summe $\leqq M\{|f(x)|^2\}$, s. § 61), so ist die letzte Reihe $\sum |A_n|^2 e^{i \Lambda_n x}$ für alle x *gleichmäßig konvergent* — falls sie überhaupt unendlich viele Glieder enthält — und ist deshalb (nach dem Satz von § 60) die Fourierreihe ihrer, eo ipso fastperiodischen, Summe $s(x)$. Die beiden fastperiodischen Funktionen $g(x)$ und $s(x)$ haben somit dieselbe Fourierreihe (nämlich $\sum |A_n|^2 e^{i \Lambda_n x}$); also ist nach dem Eindeutigkeitssatz $g(x) = s(x)$, d. h.

$$g(x) = \sum |A_n|^2 e^{i \Lambda_n x}.$$

Wählen wir in dieser Gleichung speziell $x = 0$, so ergibt sich

$$g(0) = M_t\{f(t)\,\overline{f(t)}\} = M\{|f(t)|^2\} = \sum |A_n|^2,$$

d. h. die PARSEVALsche Gleichung.

72. Zur Vervollständigung des obigen Beweises bleibt es noch übrig, den folgenden Satz zu beweisen:

SATZ. *Eine fastperiodische Funktion* $f(x)$, *für welche* $M\{|f(x)|^2\} = 0$ *ist, muß identisch, d. h. für alle* x, *gleich Null sein.*

Beweis. Wir führen den Beweis indirekt, d. h. wir nehmen an, es sei $f(x)$ nicht identisch Null; dann ist zu beweisen, daß $M\{|f(x)|^2\} > 0$ ist. Nach unserer Annahme muß es eine positive Zahl α geben, so daß in irgendeinem Punkt, etwa x_0, die Ungleichung $|f(x_0)| \geqq \alpha$ besteht. Nun gibt es zu der Zahl $\varepsilon = \dfrac{\alpha}{2}$ nach einer früheren Bemerkung (s. § 47) eine Länge $L(\varepsilon) = L\left(\dfrac{\alpha}{2}\right)$ und eine positive Zahl $\delta(\varepsilon) = \delta\left(\dfrac{\alpha}{2}\right)$, so daß jedes Intervall der Länge L auf der x-Achse ein ganzes Intervall der Länge δ enthält, dessen Punkte τ alle Verschiebungszahlen $\tau_f(\varepsilon) = \tau_f\left(\dfrac{\alpha}{2}\right)$ sind, und somit der Ungleichung

$$|f(x_0+\tau)| \geqq |f(x_0)| - |f(x_0+\tau) - f(x_0)| \geqq \alpha - \frac{\alpha}{2} = \frac{\alpha}{2}$$

genügen. Also ist das Integral von $|f(x)|^2$ erstreckt über ein beliebiges Intervall der Länge $L\left(\dfrac{\alpha}{2}\right)$ sicher $\geqq \delta\left(\dfrac{\alpha}{2}\right) \cdot \left(\dfrac{\alpha}{2}\right)^2$, und der Mittelwert $M\{|f(x)|^2\}$ genügt der Ungleichung

$$M\{|f(x)|^2\} = \lim_{m \to \infty} \frac{1}{m L\left(\frac{\alpha}{2}\right)} \int_0^{m L\left(\frac{\alpha}{2}\right)} |f(x)|^2\, dx \geqq \frac{\delta\left(\frac{\alpha}{2}\right) \cdot \left(\frac{\alpha}{2}\right)^2}{L\left(\frac{\alpha}{2}\right)},$$

und ist somit sicher positiv, im Gegensatz zu unserer Annahme.

Bemerkung. Von einer Menge $\{\varphi(x)\}$ von fastperiodischen Funktionen soll gesagt werden, daß sie *von der fastperiodischen Funktion* $f(x)$ *majorisiert* wird, oder daß sie majorisierbar ist mit der Majorante $f(x)$, wenn *jede zu einer beliebigen Zahl* $\varepsilon > 0$ *gehörige Verschiebungszahl* $\tau = \tau_f(\varepsilon)$ *der Funktion* $f(x)$ *zugleich eine zu* ε *gehörige Verschiebungszahl* $\tau_\varphi(\varepsilon)$ *für jede Funktion* $\varphi(x)$ *unserer Menge ist.* Dann zeigt der obige Beweis die Richtigkeit der folgenden Behauptung:

Es sei $\{\varphi(x)\}$ eine Menge von fastperiodischen Funktionen, die von der fastperiodischen Funktion $f(x)$ majorisiert wird. Dann gibt es zu jedem $\alpha > 0$ eine Zahl $\beta = \beta(\alpha) > 0$, so daß die Ungleichung

$$M\{|\varphi(x)|^2\} \geqq \beta$$

für jede Funktion $\varphi(x)$ unserer Menge erfüllt ist, für welche

$$\text{obere Grenze}_{-\infty < x < \infty} |\varphi(x)| > \alpha .$$

In der Tat können wir für die Zahl $\beta = \beta(\alpha)$ den oben gefundenen Wert

$$\beta = \frac{\delta\left(\frac{\alpha}{2}\right) \cdot \left(\frac{\alpha}{2}\right)^2}{L\left(\frac{\alpha}{2}\right)}$$

benutzen, wobei $L\left(\frac{\alpha}{2}\right)$ und $\delta\left(\frac{\alpha}{2}\right)$ zu der Majorante $f(x)$ der Menge gehören und also um so mehr für jede Funktion $\varphi(x)$ dieser Menge benutzt werden können.

73. Ein unmittelbares Corollar der letzten Bemerkung ist der folgende Satz: Es sei $\varphi_1(x), \varphi_2(x), \ldots, \varphi_n(x), \ldots$ eine majorisierbare Folge von fastperiodischen Funktionen (majorisiert von einer fastperiodischen Funktion $f(x)$), und es sei nur vorausgesetzt, daß

$$M\{|\varphi_n(x)|^2\} \to 0 \quad \text{für} \quad n \to \infty;$$

dann konvergiert $\varphi_n(x)$ *gegen* 0 *für* $n \to \infty$, *und zwar gleichmäßig für* $-\infty < x < \infty$, d. h.

$$\text{obere Grenze}_{-\infty < x < \infty} |\varphi_n(x)| \to 0 \quad \text{für} \quad n \to \infty .$$

In der Tat können wir ja zu einem beliebig gegebenen $\alpha > 0$ eine Zahl $\beta = \beta(\alpha) > 0$ so finden, daß

$$\text{obere Grenze}_{-\infty < x < \infty} |\varphi_n(x)| \leqq \alpha , \quad \text{sobald} \quad M\{|\varphi_n(x)|^2\} < \beta$$

ist; und die letzte Ungleichung $M\{|\varphi_n(x)|^2\} < \beta$ ist sicher für alle hinreichend großen Werte von n erfüllt.

Wir werden später diese Bemerkung in der folgenden Form anwenden: Es sei $f_1(x), f_2(x), \ldots, f_n(x), \ldots$ eine Folge von fastperiodischen Funktionen, welche *von der fastperiodischen Funktion* $f(x)$ *majorisiert* wird. Dann läßt sich folgern, daß $f(x)$ für $n \to \infty$ *gleichmäßig gegen* $f(x)$

konvergiert, falls wir nur wissen, daß $f_n(x)$ für $n \to \infty$ *im Mittel* gegen $f(x)$ konvergiert, d. h. daß

$$M\{|f(x) - f_n(x)|^2\} \to 0 \quad \text{für} \quad n \to \infty.$$

Zum Beweis hat man nur $f(x) - f_n(x) = \varphi_n(x)$ zu setzen. Dann ist die Folge $\varphi_1(x), \varphi_2(x), \ldots, \varphi_n(x), \ldots$ offenbar majorisierbar, nämlich mit der Majorante $2f(x)$ (denn $\tau_{2f}(\varepsilon) = \tau_f(\varepsilon/2) = \tau_{f_n}(\varepsilon/2) = \tau_{f-f_n}(\varepsilon)$), und also folgt aus der Voraussetzung $M\{|\varphi_n(x)|^2\} \to 0$ für $n \to \infty$, daß $\varphi_n(x)$ für $n \to \infty$ gleichmäßig gegen 0 konvergiert.

Der Multiplikationssatz.

74. Bevor wir den Eindeutigkeitssatz, und damit die PARSEVALsche Gleichung, beweisen, wollen wir noch auf Grund dieser Sätze den Beweis des allgemeinen Multiplikationssatzes (6) in § 65 erbringen. In der Tat wollen wir beweisen, daß dieser Satz mit der PARSEVALschen Gleichung vollständig äquivalent ist.

Der allgemeine Multiplikationssatz besagt: Wenn $f_1(x) \sim \sum A_n e^{i \Lambda_n x}$ und $f_2(x) \sim \sum B_n e^{i M_n x}$ zwei beliebige fastperiodische Funktionen sind, so ist

$$(6) \qquad f_1(x) f_2(x) \sim \sum D_n e^{i \Pi_n x} \quad \text{mit} \quad D_n = \sum_{\Lambda_p + M_q = \Pi_n} A_p B_q.$$

Dies ist, wie schon erwähnt, so zu verstehen, daß der Exponent Π_n alle Zahlen der Form $\Lambda_p + M_q$ durchläuft, und daß ferner der entsprechende Koeffizient D_n durch die angegebene Summe gegeben ist, wo die Reihe, falls sie unendlich viele Glieder enthält, absolut konvergiert. (Dabei sind natürlich eventuelle Glieder $D_n e^{i \Pi_n x}$ mit $D_n = 0$ wegzulassen.)

Es handelt sich also darum, zu beweisen, daß bei jedem reellen ν die Gleichung

$$M\{f_1(x) f_2(x) e^{-i \nu x}\} = \sum_{\Lambda_p + M_q = \nu} A_p B_q$$

besteht (wo die rechte Seite die Zahl 0 bedeutet, falls die Summe leer ist), und daß die Reihe rechts absolut konvergiert, falls sie unendlich viele Glieder enthält. Hierzu bemerken wir zunächst, daß dieser letzte Teil des Satzes auf Grund der elementaren Ungleichung $|ab| \leq \frac{1}{2}(|a|^2 + |b|^2)$ trivial ist; nach dieser Ungleichung wird nämlich die Reihe $\sum_{\Lambda_p + M_q = \nu} |A_p B_q|$ offenbar durch die Reihe $\frac{1}{2} \sum_{\Lambda_p + M_q = \nu} (|A_p|^2 + |B_q|^2)$ majorisiert, und daß diese Reihe konvergent ist, folgt unmittelbar aus der Konvergenz der beiden Reihen $\sum |A_n|^2$ und $\sum |B_n|^2$, da (wegen der Bedingung $\Lambda_p + M_q = \nu$) derselbe Koeffizient A_n oder B_n niemals in zwei verschiedenen der Produkte $A_p B_q$ auftreten kann.

Ferner bemerken wir, daß es genügt, den speziellen Fall $\nu = 0$ zu betrachten, wo es sich um das konstante Glied der Fourierreihe, also um die Gleichung

$$(*) \qquad M\{f_1(x) f_2(x)\} = \sum_{\Lambda_p + M_q = 0} A_p B_q$$

handelt. Wenn nämlich diese Gleichung richtig ist, so können wir einfach $f_2(x)$ durch die Funktion $f_2(x) e^{-i \nu x} \sim \sum B_n e^{i(M_n - \nu) x}$ ersetzen und erhalten dann die allgemeinere Gleichung

$$M\{f_1(x) f_2(x) e^{-i \nu x}\} = \sum_{\Lambda_p + (M_q - \nu) = 0} A_p B_q = \sum_{\Lambda_p + M_q = \nu} A_p B_q.$$

75. Wir gehen nunmehr zu dem eigentlichen Beweis über und beweisen zunächst

1°. *Aus dem Multiplikationssatz folgt die* PARSEVAL*sche Gleichung.*

Wählt man nämlich speziell $f_2(x) = \overline{f_1(x)} \sim \sum \overline{A}_n\, e^{-i A_n x}$, so ergibt sich aus (*) die Gleichung

$$M\{f_1(x)\,f_1(\overline{x})\} = \sum_{A_p + (-A_q) = 0} A_p\, \overline{A}_q \,,$$

d. h. nichts anderes als die PARSEVALsche Gleichung

$$M\{|f_1(x)|^2\} = \sum |A_n|^2 \,.$$

2°. *Aus der* PARSEVAL*schen Gleichung folgt der Multiplikationssatz.*

Der Beweis beruht auf demselben einfachen Kunstgriff, den wir an der analogen Stelle in der Theorie der reinperiodischen Funktionen verwendet haben, nämlich auf der Heranziehung der elementaren Identität

$$u\,v = \tfrac{1}{4}\{|u + \bar v|^2 - |u - \bar v|^2 + i\,|u + i\bar v|^2 - i\,|u - i\bar v|^2\}.$$

Wenden wir diese auf das Produkt $f_1(x)\,f_2(x)$ an, so ergibt sich, daß

$$M\{f_1 f_2\} = \tfrac{1}{4}[M\{|f_1 + \bar f_2|^2\} - M\{|f_1 - f_2|^2\} + i\,M\{|f_1 + i\bar f_2|^2\} - i\,M\{|f_1 - i\bar f_2|^2\}]$$

ist. Wendet man nun die PARSEVALsche Gleichung auf die Funktionen $f_1(x) + \overline{f_2(x)}$, $f_1(x) - \overline{f_2(x)}$, $f_1(x) + i\overline{f_2(x)}$ und $f_1(x) - i\overline{f_2(x)}$ an, deren Fourierreihen nach den Formeln (1), (4) und (5) von § 64 bekannt sind, so ergibt sich, wenn für einen Augenblick

$$a(\lambda) = M\{f_1(x)\,e^{-i\lambda x}\} \quad \text{und} \quad b(\lambda) = M\{f_2(x)\,e^{-i\lambda x}\}$$

gesetzt wird, daß in der obigen Relation die rechte Seite

$$= \tfrac{1}{4}[\sum |a(\lambda) + \overline{b(-\lambda)}|^2 - \sum |a(\lambda) - \overline{b(-\lambda)}|^2 + i \sum |a(\lambda) + i\overline{b(-\lambda)}|^2$$
$$- i \sum |a(\lambda) - i\overline{b(-\lambda)}|^2]$$

ist, wobei in jeder Summe über diejenigen Werte λ zu summieren ist, für welche der Summand positiv ist. Hier können wir nun wieder dieselbe Identität anwenden, jetzt in der entgegengesetzten Richtung, und erhalten dann, daß

$$M\{f_1 f_2\} = \sum a(\lambda)\,b(-\lambda),$$

wobei das Summenzeichen ähnlich zu verstehen ist. Das ist aber eben die gewünschte Relation (*).

76. Schließlich bemerken wir noch, daß man, genau wie es für reinperiodische Funktionen der Fall ist, den Multiplikationssatz auch ohne Anwendung des obigen Kunstgriffes beweisen kann, und zwar, indem man von dem **Eindeutigkeitssatz** ausgeht. Man hat dann die in § 66 genannte Formel (8) heranzuziehen, wonach die (fastperiodische) Funktion

$$g(x) = \underset{t}{M}\{f_1(x + t)\,f_2(t)\}$$

als Fourierreihe die Reihe

$$g(x) \sim \sum E_n\, e^{i P_n x}$$

besitzt, wo P_n diejenigen der Zahlen A_n durchläuft, für welche $-A_n$ unter den Zahlen M_n vorkommt, und wo $E_n = A_p B_q$, wenn $P_n = A_p = -M_q$ ist. Da diese Reihe gleichmäßig konvergiert (die Reihe $\sum E_n$ ist ja nichts anderes als die absolut konvergente Reihe $\sum_{A_p + M_q = 0} A_p B_q$), muß ihre Summe eine fastperiodische Funktion $s(x)$ darstellen, deren Fourierreihe gerade die

Reihe $\sum E_n e^{iP_n x}$ ist, und die also nach dem Eindeutigkeitssatz mit der Funktion $g(x)$ übereinstimmen muß. Setzt man nun in der so erhaltenen Relation

$$g(x) = \sum E_n e^{iP_n x}$$

für x den Wert $x = 0$ ein, so ergibt sich, daß

$$g(0) = M\{f_1(t)\,f_2(t)\} = \sum E_n = \sum_{A_p + M_q = 0} A_p B_q,$$

also wieder die gewünschte Relation (*).

Einleitende Bemerkungen zu dem Beweis der beiden fundamentalen Sätze.

77. Wir sind jetzt zu dem schwierigsten Punkt der Theorie gelangt, nämlich zu dem Beweis der beiden (äquivalenten) Hauptsätze, des Eindeutigkeitssatzes und der PARSEVALschen Gleichung. In der ursprünglichen Darstellung der Theorie wurde dieser Beweis als ein Beweis der PARSEVALschen Gleichung

$$M\{|f(x)|^2\} = \sum |A_n|^2$$

geführt, was damals das gegebene war, weil die einfache Herleitung dieser Gleichung auf Grund des Eindeutigkeitssatzes dem Verfasser unbekannt war. Nachdem die vollständige Äquivalenz der beiden Hauptsätze bewiesen ist, empfiehlt es sich natürlich, den Beweis als einen Beweis für den Eindeutigkeitssatz zu führen, was nach dem Obigen damit gleichbedeutend ist, die PARSEVALsche Gleichung nur für den äußerst speziellen Fall zu beweisen, wo die Fourierreihe der fastperiodischen Funktion $f(x)$ kein einziges Glied enthält und wo es sich also um die Gleichung

$$(*) \qquad\qquad M\{|f(x)|^2\} = 0$$

handelt. Aus dieser Gleichung folgt ja, wie es in § 72 bewiesen wurde, daß $f(x)$ identisch verschwindet.

Die Gleichung (*), d. h. der Eindeutigkeitssatz, läßt sich auf verschiedene Weisen beweisen. Ein Beweis ergibt sich natürlich durch Spezialisierung des ursprünglichen Beweises des Verfassers für die allgemeine PARSEVALsche Gleichung; dieser Beweis ist aber sehr umständlich. Ein anderer Beweis, der auf demselben Grundgedanken beruht, aber erheblich einfacher ist, wurde von DE LA VALLÉE POUSSIN gegeben; dieser Beweis soll hier gegeben werden. Um den sinnreichen und daher etwas künstlich erscheinenden Gedankengang des Beweises so deutlich wie möglich hervortreten zu lassen, skizzieren wir zunächst kurz den Ausgangspunkt des ursprünglichen Beweises. Wir werden dann von selbst Gelegenheit bekommen, darzulegen, worin die prinzipielle Vereinfachung des neuen Beweises gegenüber dem älteren besteht.

78. Gegeben sei eine fastperiodische Funktion $f(x)$, für welche bei jedem λ

$$a(\lambda) = M\{f(x)\,e^{-i\lambda x}\} = 0$$

ist. Dann ist zu beweisen, daß

$$M\{|f(x)|^2\} = \lim_{T \to \infty} \frac{1}{T} \int_0^T |f(x)|^2\,dx = 0$$

ist. Da die Voraussetzung $a(\lambda) = 0$ für alle λ erst zum Schluß zur Anwendung gelangt, empfiehlt es sich, diese Voraussetzung vorläufig gar nicht zu machen; unsere Betrachtungen beziehen sich also zunächst auf eine **beliebige** fastperiodische Funktion $f(x)$.

Der Gedanke des Beweises besteht darin, gleichzeitig mit der Funktion $f(x)$ die *reinperiodische* Funktion $F(x) = F_T(x)$ mit der Periode T

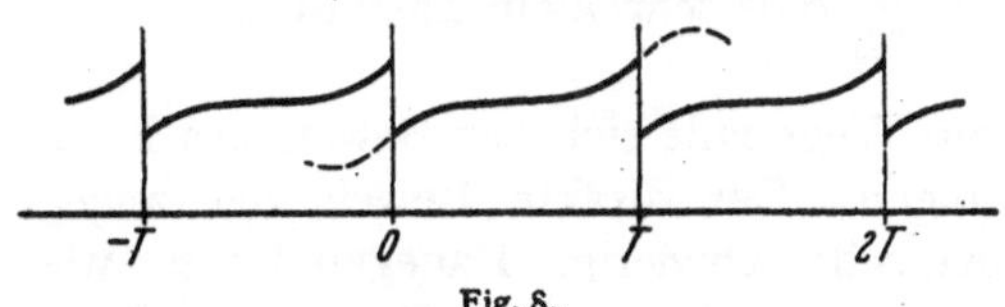

Fig. 8.

zu betrachten, *welche im Periodenintervall* $0 < x < T$ *gleich der gegebenen Funktion* $f(x)$ *ist;* also

$$F_T(x) = f(x) \quad \text{für} \quad 0 < x < T, \quad F_T(x + T) = F_T(x),$$

und in der Anwendung der PARSEVALschen Gleichung auf diese Funktion. Die Funktion $F_T(x)$ braucht nicht stetig zu sein, sondern wird im allgemeinen in den Punkten mT ($m = 0, \pm 1, \pm 2, \ldots$) Sprünge aufweisen. Dies schadet aber nicht, denn wir haben ja in §§ 37—38, eben im Hinblick auf diese Anwendung, periodische Funktionen dieser Art betrachtet und haben u. a. bewiesen, daß für sie die PARSEVALsche Gleichung besteht. Schreiben wir also die Fourierreihe von $F_T(x)$ in der Form

$$F_T(x) \sim \sum_{-\infty}^{\infty}{}' \alpha_n\,e^{i\frac{2\pi}{T}nx}$$

(wobei nicht nur die Exponenten $\frac{2\pi}{T}\,n$, sondern auch die Koeffizienten

$$\alpha_n = \frac{1}{T} \int_0^T F_T(x)\,e^{-i\frac{2\pi}{T}nx}\,dx = \frac{1}{T} \int_0^T f(x)\,e^{-i\frac{2\pi}{T}nx}\,dx$$

von dem Parameter T abhängen), so gilt die Relation

$$\sum_{-\infty}^{\infty}{}' |\alpha_n|^2 = \frac{1}{T} \int_0^T |F_T(x)|^2\,dx = \frac{1}{T} \int_0^T |f(x)|^2\,dx.$$

Nun strebt in dieser Relation für $T \to \infty$ die rechte Seite gegen $M\{|f(x)|^2\}$; also gilt dasselbe für die linke Seite, d. h. wir haben für den Mittelwert $M\{|f(x)|^2\}$ den neuen Ausdruck

$$M\{|f(x)|^2\} = \lim_{T \to \infty} \sum_{-\infty}^{\infty} |\alpha_n|^2$$

gefunden.

Bisher war bei dieser Betrachtung von einer beliebigen fastperiodischen Funktion die Rede; nunmehr kehren wir zu unserer am Anfang gestellten Aufgabe zurück; diese Aufgabe läßt sich dann folgendermaßen aussprechen: *Es ist zu beweisen, daß aus der Voraussetzung $a(\lambda) = 0$ für alle λ die Grenzgleichung*

$$\lim_{T \to \infty} \sum_{-\infty}^{\infty} |\alpha_n|^2 = 0$$

gefolgert werden kann, oder mit anderen Worten, daß für große T die

Quadratsumme $\sum_{-\infty}^{\infty} |\alpha_n|^2$ sehr klein ausfällt,

79. Auf diesem Wege läßt sich der Beweis des Eindeutigkeitssatzes tatsächlich erbringen. Der direkte Beweis der angegebenen Grenzgleichung ist aber sehr schwierig. Dagegen ist es, wie wir sehr bald zeigen werden, nicht mit besonderen Schwierigkeiten verbunden, zu zeigen, daß für große T die obere Grenze der Zahlen $|\alpha_n|$ sehr klein ausfällt, d. h. daß *aus der Voraussetzung $a(\lambda) = 0$ für alle λ die Grenzgleichung*

$$(*) \qquad \lim_{\substack{T \to \infty}} \operatorname{obere\ Grenze}_{-\infty < n < \infty} |\alpha_n| = 0$$

folgt. Sehr interessant ist es nun, daß sich schon aus dieser viel weniger aussagenden Grenzgleichung der Eindeutigkeitssatz ergibt; dazu muß man aber mit DE LA VALLÉE POUSSIN den Ausgangspunkt des Beweises etwas abändern, indem man nämlich nicht wie oben die beiden Funktionen $f(x)$ und $F_T(x)$, sondern die beiden gefalteten Funktionen

$$g(t) = M_t\{f(x+t)\,\overline{f(t)}\} \quad \text{und} \quad G_T(x) = \frac{1}{T} \int_0^T F_T(x+t)\,\overline{F_T(t)}\,dt$$

miteinander vergleicht. Bevor wir dazu übergehen, dies näher zu erörtern, geben wir zunächst den Beweis der Grenzgleichung (*).

Vorbereitungen für den Beweis des Eindeutigkeitssatzes.

80. Zunächst wollen wir einige Hilfssätze ableiten.

SATZ I. *Es sei $f(x)$ eine beliebige fastperiodische Funktion und ε eine beliebige positive Größe. Dann lassen sich die Zahlen Λ und T_0 so groß wählen, daß für jedes $|\lambda| > \Lambda$ und jedes $T > T_0$*

$$\left| \frac{1}{T} \int_0^T f(x)\,e^{-i\lambda x}\,dx \right| < \varepsilon.$$

Beweis. Von vornherein ist es klar, daß wir die Konstante $\varLambda$ so wählen können, daß für $|\lambda| > \varLambda$ die Ungleichung

$$|a(\lambda)| = \left|\lim_{T\to\infty}\frac{1}{T}\int_0^T f(x)\,e^{-i\lambda x}\,dx\right| < \varepsilon$$

besteht; denn bei gegebenem $\varepsilon > 0$ gibt es ja nur eine endliche Anzahl von Zahlen λ, für welche $|a(\lambda)| \geqq \varepsilon$ ist. Hieraus folgt aber die zu beweisende Ungleichung nur mit einem von λ abhängigen T_0. Um zu zeigen, daß T_0 unabhängig von λ gewählt werden kann, müssen wir anders verfahren. Der Beweis ergibt sich auf Grund der gleichmäßigen Stetigkeit und der Beschränktheit von $f(x)$; wir können sogar $T_0 = 1$ wählen.

Zunächst bemerken wir, daß für ein gegebenes $\lambda \neq 0$ die Funktion $e^{-i\lambda x}$ periodisch ist mit der Periode $2\pi/|\lambda|$, und daß ferner das Integral dieser Funktion über ein beliebiges Intervall der Länge $2\pi/|\lambda|$ gleich Null ist. Hieraus ergibt sich für ein beliebiges x_1 die Gleichung

$$\int_{x_1}^{x_1+\frac{2\pi}{|\lambda|}} f(x)\,e^{-i\lambda x}\,dx = \int_{x_1}^{x_1+\frac{2\pi}{|\lambda|}} (f(x) - f(x_1))\,e^{-i\lambda x}\,dx\,.$$

Bezeichnen wir also für ein gegebenes $\delta > 0$ mit $\omega(\delta)$ die obere Grenze von $|f(x_1) - f(x_2)|$ für $|x_1 - x_2| \leqq \delta$, so gilt die Abschätzung

$$\left|\int_{x_1}^{x_1+\frac{2\pi}{|\lambda|}} f(x)\,e^{-i\lambda x}\,dx\right| \leqq \omega\!\left(\frac{2\pi}{|\lambda|}\right)\cdot\frac{2\pi}{|\lambda|}\,.$$

Es sei nun $T > 0$ beliebig gegeben und es sei $T = n\,\dfrac{2\pi}{|\lambda|} + \alpha$, wobei n eine ganze Zahl ist und $0 \leqq \alpha < \dfrac{2\pi}{|\lambda|}$. Dann ist

$$\int_0^T f(x)\,e^{-i\lambda x}\,dx = \int_0^{\frac{2\pi}{\lambda}} + \int_{\frac{2\pi}{|\lambda|}}^{\frac{4\pi}{|\lambda|}} + \cdots + \int_{(n-1)\frac{2\pi}{|\lambda|}}^{n\frac{2\pi}{|\lambda|}} + \int_{n\frac{2\pi}{\lambda}}^T f(x)\,e^{-i\lambda x}\,dx\,,$$

und es gilt somit, wenn mit $\varGamma$ die obere Grenze von $|f(x)|$ bezeichnet wird, die Abschätzung

$$\left|\int_0^T f(x)\,e^{-i\lambda x}\,dx\right| \leqq n\,\omega\!\left(\frac{2\pi}{\lambda}\right)\frac{2\pi}{\lambda} + \varGamma\alpha \leqq T\cdot\omega\!\left(\frac{2\pi}{\lambda}\right) + \varGamma\frac{2\pi}{|\lambda|}\,.$$

Also ergibt sich schließlich, daß für $T > T_0 = 1$

$$\left|\frac{1}{T}\int_0^T f(x)\,e^{-i\lambda x}\,dx\right| \leqq \omega\!\left(\frac{2\pi}{\lambda}\right) + \frac{\varGamma\cdot\frac{2\pi}{|\lambda|}}{T} \leqq \omega\!\left(\frac{2\pi}{|\lambda|}\right) + \varGamma\frac{2\pi}{|\lambda|}\,.$$

Hiermit ist aber der Beweis vollendet. Denn nach der gleichmäßigen Stetigkeit von $f(x)$ gilt $\omega(\delta) \to 0$ für $\delta \to 0$; es läßt sich deshalb ein $\Lambda = \Lambda(\varepsilon)$ so wählen, daß für $|\lambda| > \Lambda$ die Ungleichung

$$\omega\left(\frac{2\pi}{|\lambda|}\right) + \Gamma\,\frac{2\pi}{|\lambda|} < \varepsilon$$

stattfindet.

SATZ II. *Es sei* $f(x)$ *eine fastperiodische Funktion, und es sei* λ_0 *eine reelle Zahl, für welche* $a(\lambda_0) = M\{f(x)e^{-i\lambda_0 x}\} = 0$ (*d. h.* λ_0 *sei keiner der Fourierexponenten von* $f(x)$). *Dann lassen sich zu einem gegebenen* $\varepsilon > 0$ *die positiven Größen* δ *und* T_0 *so bestimmen, daß für jedes* λ *des Intervalles* $(\lambda_0 - \delta,\, \lambda_0 + \delta)$ *und jedes* $T > T_0$

$$\left|\frac{1}{T}\int_0^T f(x)\,e^{-i\lambda x}\,dx\right| < \varepsilon\,.$$

Beweis. Ähnlich wie oben ist es von vornherein klar, daß wir die Konstante δ so wählen können, daß für $|\lambda - \lambda_0| < \delta$ die Ungleichung

$$|a(\lambda)| = \left|\lim_{T \to \infty} \frac{1}{T}\int_0^T f(x)\,e^{-i\lambda x}\,dx\right| < \varepsilon$$

besteht. Hieraus folgt aber die zu beweisende Ungleichung nur mit einem von λ abhängigen T_0. Um zu zeigen, daß T_0 unabhängig von λ gewählt werden kann, müssen wir anders verfahren. Der Beweis beruht auf dem verschärften Mittelwertsatz für fastperiodische Funktionen.

Zunächst bemerken wir, daß wir ohne Beschränkung der Allgemeinheit $\lambda_0 = 0$ annehmen können (sonst haben wir nur die Funktion $f_1(x) = f(x)\,e^{-i\lambda_0 x}$ an Stelle von $f(x)$ selbst zu betrachten). Unsere Annahme ist also, daß

$$a(0) = M\{f(x)\} = 0\,,$$

und wir haben zu beweisen, daß

$$\left|\frac{1}{T}\int_0^T f(x)\,e^{-i\lambda x}\,dx\right| < \varepsilon \ \text{ für } \ |\lambda| < \delta,\quad T > T_0\,.$$

In dieser Formulierung hat der Satz eine große Ähnlichkeit mit dem Satze I; da handelte es sich um die sehr „schnellen" Schwingungen $e^{-i\lambda x}$ (nämlich um die großen Werte von $|\lambda|$), und der Beweis beruhte darauf, daß sich der Faktor $f(x)$ im Laufe einer vollen Schwingung von $e^{-i\lambda x}$ kaum änderte. In dem jetzt zu beweisenden Satz ist es genau umgekehrt; hier handelt es sich um die sehr „langsamen" Schwingungen $e^{-i\lambda x}$ (nämlich um die kleinen Werte von $|\lambda|$), und der Beweis wird darauf beruhen, daß sich der Faktor $e^{-i\lambda x}$ zu langsam ändert, um den (in der Bedingung $M\{f(x)\} = 0$ liegenden) Ausgleich der Schwingungen von $f(x)$ zu stören. Genau läßt sich dieser Gedanke so ausführen:

Da (nach dem verschärften Mittelwertsatz von § 52) der Mittelwert

$$\frac{1}{T}\int\limits_{a}^{a+T} f(x)\,dx$$

für $T \to \infty$ gleichmäßig in a gegen $M\{f(x)\}$, also in diesem Fall gegen Null, konvergiert, können wir zunächst T_0 so groß wählen, daß für $H > T_0$ und jedes a

$$\left|\frac{1}{H}\int\limits_{a}^{a+H} f(x)\,dx\right| < \frac{\varepsilon}{2}.$$

Dieses T_0 wird das T_0 unseres Satzes sein. Es sei nun mit Γ die obere Grenze von $|f(x)|$ bezeichnet, und es sei zunächst die Zahl $\eta > 0$ so klein gewählt, daß

$$\text{obere Grenze}_{|x_1 - x_2| < \eta}\ |e^{ix_1} - e^{ix_2}| < \frac{\varepsilon}{2\Gamma},$$

(was nach der gleichmäßigen Stetigkeit von e^{ix} möglich ist). Wird dann $\delta = \eta/2T_0$ gewählt, so gilt also bei jedem $|\lambda| < \delta$, daß

$$\text{obere Grenze}_{|x_1 - x_2| < 2T_0}\ |e^{-i\lambda x_1} - e^{-i\lambda x_2}| < \frac{\varepsilon}{2\Gamma}$$

ist. Dieses δ wird das δ unseres Satzes sein. Nun ist immer

$$\frac{1}{H}\int\limits_{a}^{a+H} f(x)e^{-i\lambda x}\,dx = \frac{1}{H}\int\limits_{a}^{a+H} f(x)\,e^{-i\lambda a}\,dx + \frac{1}{H}\int\limits_{a}^{a+H} f(x)\,(e^{-i\lambda x} - e^{-i\lambda a})\,dx;$$

aus dem Obigen ergibt sich also, daß für $|\lambda| < \delta$ und $T_0 < H \leqq 2T_0$ bei jedem a die Ungleichung

$$\left|\frac{1}{H}\int\limits_{a}^{a+H} f(x)e^{\pm i\lambda x}\,dx\right| < \frac{\varepsilon}{2}\cdot|e^{-i\lambda a}| + \Gamma\cdot\frac{\varepsilon}{2\Gamma} = \varepsilon$$

besteht.

Hiernach ist nun der Beweis unseres Satzes in wenigen Worten vollendet. Es sei nämlich T eine beliebige Zahl $> T_0$; wir können dann

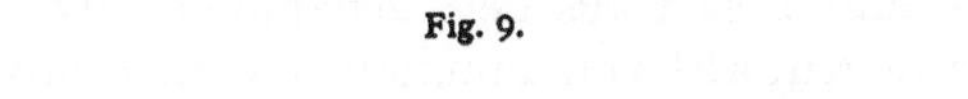

Fig. 9.

eine positive ganze Zahl n so wählen, daß die Zahl $T/n = H$ in das Intervall $T_0 < H \leqq 2T_0$ zu liegen kommt (wir haben nur diejenige ganze Zahl $k \geqq 0$ zu bestimmen, für welche $2^k T_0 < T \leqq 2^{k+1}T_0$; dann läßt sich $n = 2^k$ wählen). Dann erscheint der Mittelwert

$$\frac{1}{T}\int\limits_{0}^{T} f(x)e^{-i\lambda x}\,dx$$

als das arithmetische Mittel der n Mittelwerte

$$\frac{1}{H}\int_{(\nu-1)H}^{\nu H} f(x)\,e^{-i\lambda x}\,dx\,, \qquad\qquad \nu = 1, 2, \ldots, n$$

und ist also für $|\lambda| < \delta$ numerisch kleiner als ε.

81. Mit Hilfe der Sätze I und II beweisen wir jetzt den folgenden
HAUPTHILFSSATZ. *Es sei $f(x)$ eine fastperiodische Funktion, für welche*
$a(\lambda) = M\{f(x)\,e^{-i\lambda x}\} = 0$ *für alle* λ. *Dann besteht die Grenzgleichung*

$$\lim_{T\to\infty}\frac{1}{T}\int_0^T f(x)\,e^{-i\lambda x}\,dx = 0$$

gleichmäßig für $-\infty < \lambda < \infty$, *d. h. zu einem gegebenen* $\varepsilon > 0$ *läßt sich
ein* $T_0 = T_0(\varepsilon)$ *so wählen, daß für* $T > T_0$ *und alle* λ

$$\left|\frac{1}{T}\int_0^T f(x)\,e^{-i\lambda x}\,dx\right| < \varepsilon.$$

Beweis. Wir wählen zunächst nach Satz I die Zahl $\varLambda$ so groß, daß
für jedes $|\lambda| > \varLambda$ und jedes $T > 1$

$$\left|\frac{1}{T}\int_0^T f(x)\,e^{-i\lambda x}\,dx\right| < \varepsilon.$$

Danach bestimmen wir nach Satz II zu einem beliebigen festen λ_0 im
Intervalle $-\varLambda \leqq \lambda_0 \leqq \varLambda$ positive Zahlen $\delta = \delta(\lambda_0)$ und $T_0 = T_0(\lambda_0)$,
so daß für jedes λ des Intervalles $(\lambda_0 - \delta(\lambda_0),\ \lambda_0 + \delta(\lambda_0))$ und jedes
$T > T_0(\lambda_0)$

$$\left|\frac{1}{T}\int_0^T f(x)\,e^{-i\lambda x}\,dx\right| < \varepsilon.$$

Das Intervall $(\lambda_0 - \delta(\lambda_0),\ \lambda_0 + \delta(\lambda_0))$ bezeichnen wir der Kürze
halber mit $i(\lambda_0)$; dann sind offenbar durch die Bestimmung dieser Intervalle $i(\lambda_0)$ die Bedingungen für die Anwendung des HEINE-BORELschen
Überdeckungssatzes erfüllt; denn für jeden Punkt λ_0 des abgeschlossenen Intervalles $-\varLambda \leqq \lambda \leqq \varLambda$ enthält ja das entsprechende Intervall
$i(\lambda_0)$ den Punkt λ_0 in seinem Innern (λ_0 ist ja sogar der Mittelpunkt
von $i(\lambda_0)$). Also ergibt sich aus dem genannten Satz, daß es möglich
ist, eine endliche Anzahl von Punkten des Intervalls $-\varLambda \leqq \lambda \leqq \varLambda$,
etwa $\lambda_1, \lambda_2, \ldots, \lambda_N$, so auszuwählen, daß die entsprechenden Intervalle
$i(\lambda_1), i(\lambda_2), \ldots, i(\lambda_N)$ schon das ganze Intervall $-\varLambda \leqq \lambda \leqq \varLambda$ über-
decken. Dann wird die Zahl

$$T_0 = \mathrm{Max}(1,\ T_0(\lambda_1),\ T_0(\lambda_2),\ \ldots\ T_0(\lambda_N))$$

die gewünschte Eigenschaft haben. In der Tat, ist λ eine völlig beliebige
reelle Zahl, so wird sie entweder außerhalb des Intervalles $-\varLambda \leqq \lambda \leqq \varLambda$

liegen (d. h. die Ungleichung $|\lambda| > \varLambda$ erfüllen), oder sie wird mindestens einem der Intervalle $i(\lambda_1), i(\lambda_2), \ldots, i(\lambda_N)$ angehören, und es gilt somit in jedem Fall die Ungleichung

$$\left| \frac{1}{T} \int\limits_0^T f(x)\, e^{-i\lambda x}\, dx \right| < \varepsilon \quad \text{für} \quad T > T_0.$$

82. Um dieses Ergebnis auf die für die folgende Anwendung bequemste Form zu bringen, betrachten wir die oben eingeführte rein-periodische Funktion $F_T(x)$ der Periode T, welche im Periodenintervall $0 < x < T$ mit $f(x)$ übereinstimmt. Es sei $\sum\limits_{-\infty}^{\infty} \alpha_n\, e^{i\frac{2\pi}{T}nx}$ die gewöhnliche Fourierreihe dieser Funktion $F_T(x)$, d. h. es sei

$$\alpha_n = \frac{1}{T} \int\limits_0^T F_T(x)\, e^{-i\frac{2\pi}{T}nx}\, dx = \frac{1}{T} \int\limits_0^T f(x)\, e^{-i\frac{2\pi}{T}nx}\, dx.$$

Dann folgt aus dem Obigen unmittelbar der folgende Satz: Zu einem gegebenen $\varepsilon > 0$ können wir ein $T_0 = T_0(\varepsilon)$ so bestimmen, daß für $T > T_0$ die sämtlichen Fourierkonstanten α_n von $F_T(x)$ der Ungleichung $|\alpha_n| < \varepsilon$ genügen; oder mit anderen Worten: *Wenn für die Funktion $f(x)$ die Bedingung $a(\lambda) = 0$ für alle λ erfüllt ist, so gilt die Grenzgleichung*

$$\lim_{\substack{T \to \infty \\ -\infty < n < \infty}} \text{obere Grenze}\, |\alpha_n| = 0.$$

Hiermit haben wir die in § 79 genannte, dort mit (*) bezeichnete, Grenzgleichung bewiesen, auf welcher der DE LA VALLÉE POUSSINsche Beweis des Eindeutigkeitssatzes beruht. Aus dieser Grenzgleichung läßt sich nicht schließen, daß

$$\lim_{T \to \infty} \sum_{-\infty}^{\infty} |\alpha_n|^2 = 0$$

ist, d. h. daß $\sum\limits_{-\infty}^{\infty} |\alpha_n|^2$ klein ist für große T, was für einen direkten Beweis des Eindeutigkeitssatzes auf Grund der Einführung der Funktionen $F_T(x)$ das Bequemste gewesen wäre. Indem wir aber die einfache Tatsache benutzen, daß $\sum\limits_{-\infty}^{\infty} |\alpha_n|^2$ jedenfalls beschränkt bleibt, nämlich

$$\sum_{-\infty}^{\infty} |\alpha_n|^2 = \frac{1}{T} \int\limits_0^T |F_T(x)|^2\, dx = \frac{1}{T} \int\limits_0^T |f(x)|^2\, dx \leqq \varGamma^2,$$

wo $\varGamma$ wie immer die obere Grenze von $|f(x)|$ in $-\infty < x < \infty$ bezeichnet, können wir schließen, daß z. B. die Summe der **vierten** Potenzen $\sum\limits_{-\infty}^{\infty} |\alpha_n|^4$ für große Werte von T klein ausfällt. In der Tat gilt ja

$$\sum_{-\infty}^{\infty} |\alpha_n|^4 \leqq (\text{obere Grenze}\, |\alpha_n|^2) \cdot \sum_{-\infty}^{\infty} |\alpha_n|^2 \leqq (\text{obere Grenze}\, |\alpha_n|)^2 \cdot \varGamma^2,$$

wo die letzte Größe für $T \to \infty$ gegen Null konvergiert. Mit anderen Worten, es gilt der Satz, daß, *wenn für die Funktion $f(x)$ die Bedingung $a(\lambda) = 0$ für alle λ erfüllt ist, so gilt die Grenzgleichung*

$$\lim_{T \to \infty} \sum_{-\infty}^{\infty} |\alpha_n|^4 = 0.$$

Auf diesem Satz wird der nun folgende Beweis des Eindeutigkeitssatzes basieren.

Beweis des Eindeutigkeitssatzes.

83. Es sei $f(x)$ eine fastperiodische Funktion, über die wir vorläufig keine Voraussetzung machen. Wir führen wie oben die Funktion $F_T(x)$ ein und betrachten alsdann die beiden gefalteten Funktionen

$$g(x) = \underset{t}{M}\left\{f(x + t)\,\overline{f(t)}\right\} \quad \text{und} \quad G_T(x) = \frac{1}{T}\int_0^T F_T(x + t)\,\overline{F_T(t)}\,dt.$$

Dabei ist, wie wir wissen, $g(x)$ wieder eine fastperiodische Funktion, und $G_T(x)$ ist eine (stetige) reinperiodische Funktion der Periode T, deren Fourierreihe durch

$$G_T(x) \sim \sum |\alpha_n|^2\, e^{i\frac{2\pi}{T}nx}$$

gegeben ist. Hieraus folgt, daß bei jedem T

$$\frac{1}{T}\int_0^T |G_T(x)|^2\,dx = \sum_{-\infty}^{\infty} |\alpha_n|^4$$

ist.

Die Funktion $G_T(x)$ braucht natürlich nicht im Periodenintervall $0 < x < T$ mit der Funktion $g(x)$ übereinzustimmen; sie entsteht ja nicht in derselben Weise aus $g(x)$ wie $F_T(x)$ aus $f(x)$. Dies ist aber auch nicht entscheidend; es würde genügen, wenn $G_T(x)$ im Periodenintervall $0 < x < T$ eine „gute Annäherung" von $g(x)$ lieferte, aber auch dies ist für beliebige Werte von T im Allgemeinen nicht der Fall. Wie wir nach § 53 wissen, gilt für $T \to \infty$ die Grenzgleichung

$$\lim_{T \to \infty} \frac{1}{T}\int_0^T f(x + t)\,\overline{f(t)}\,dt = \underset{t}{M}\left\{f(x + t)\,f(t)\right\}$$

gleichmäßig in x. Ein Vergleich der beiden Funktionen $g(x)$ und $G_T(x)$ in dem Intervalle $0 < x < T$ läuft also im Wesentlichen auf einen Vergleich der beiden Funktionen

$$g_T(x) = \frac{1}{T}\int_0^T f(x + t)\,\overline{f(t)}\,dt$$

und

$$G_T(x) = \frac{1}{T}\int_0^T F_T(x + t)\,\overline{F_T(t)}\,dt$$

hinaus. Diese beiden Funktionen $g_T(x)$ und $G_T(x)$ sind nun keineswegs identisch in $0 < x < T$. Es gilt wohl im ganzen Integrationsintervall $0 < t < T$ die Gleichung $f(t) = F_T(t)$ und somit $\overline{f(t)} = \overline{F_T(t)}$, aber die anderen Faktoren $f(x+t)$ und $F_T(x+t)$ stimmen nicht im ganzen Intervall $0 < t < T$ überein, weil $x+t$ für $0 < t < T$ teilweise in das Intervall $T < x+t < 2T$ zu liegen kommt (s. Fig. 10).

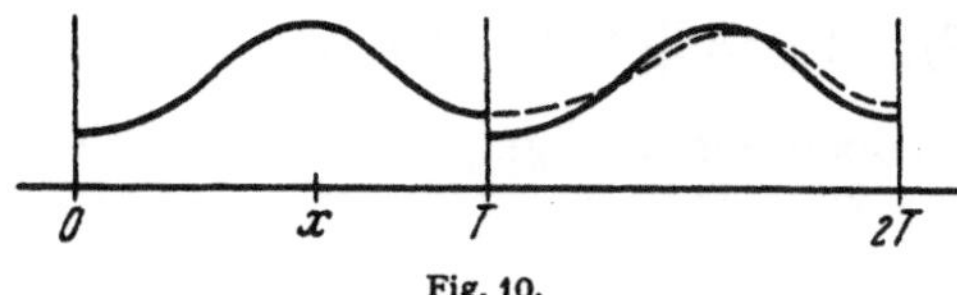

Fig. 10.

Wir wenden nun den Kunstgriff an, für den „Schnitt" T nicht eine beliebige Zahl, sondern gerade eine *Verschiebungszahl*, etwa $T = \tau_f(\varepsilon)$, zu benutzen. Dann gilt für $T < z < 2T$

$$|f(z) - F_T(z)| = |f(z) - f(z-T)| \leq \varepsilon,$$

und es besteht daher, bei jedem festen x in $0 < x < T$, im ganzen Intervalle $0 < t < T$ die Ungleichung

$$|f(x+t) - F_T(x+t)| \leq \varepsilon.$$

Somit erhalten wir (bei der genannten Wahl $T = \tau_f(\varepsilon)$) für jedes x in $0 < x < T$ die Ungleichung

$$|g_T(x) - G_T(x)| \leq \varepsilon \cdot \Gamma.$$

Es sei nunmehr die Zahlenfolge $\varepsilon_1 > \varepsilon_2 > \cdots > \varepsilon_n > \cdots \to 0$ beliebig gewählt (z. B. $\varepsilon_n = 1/n$), und es sei $T_1, T_2, \ldots, T_n, \ldots$ eine Folge von zugehörigen Verschiebungszahlen (d. h. $T_n = \tau_f(\varepsilon_n)$), für welche $T_n \to \infty$. Dann gilt für jeden Wert von n

$$|g_{T_n}(x) - G_{T_n}(x)| \leq \varepsilon_n \Gamma \quad \text{in} \quad 0 < x < T_n,$$

und somit ergibt sich, daß

$$\underset{0 < x < T_n}{\text{obere Grenze}} |g_{T_n}(x) - G_{T_n}(x)| \to 0 \quad \text{für} \quad n \to \infty.$$

Nun konvergiert aber für $n \to \infty$ die Folge von Funktionen $g_{T_n}(x)$ gleichmäßig in $-\infty < x < \infty$ gegen $g(x)$; insbesondere gilt also, daß

$$\underset{0 < x < T_n}{\text{obere Grenze}} |g(x) - g_{T_n}(x)| \to 0 \quad \text{für} \quad n \to \infty.$$

Also erhalten wir schließlich als Resultat der Vergleichung der Funktionen $g(x)$ und $G_T(x)$, *daß es eine Folge von Zahlen $T_1, T_2, \ldots, T_n, \ldots$ mit $T_n \to \infty$ derart gibt, daß*

$$\underset{0 < x < T_n}{\text{obere Grenze}} |g(x) - G_{T_n}(x)| \to 0 \quad \text{für} \quad n \to \infty;$$

mit anderen Worten, die Funktionen $G_{T_n}(x)$ stellen in ihren (mit n ins Unendliche wachsenden) Periodenintervallen $0 < x < T_n$ eine immer bessere Annäherung von $g(x)$ dar.

5*

Hieraus läßt sich nun ohne Schwierigkeit schließen, daß

$$(*) \qquad M\{|g(x)|^2\} = \lim_{n \to \infty} \frac{1}{T_n} \int\limits_0^{T_n} |G_{T_n}(x)|^2 \, dx$$

sein muß.

Denn für ein gegebenes n ist ja im Intervall $0 < x < T_n$

$$\left| |g(x)|^2 - |G_{T_n}(x)|^2 \right| = \left| |g(x)| - |G_{T_n}(x)| \right| \cdot \left(|g(x)| + |G_{T_n}(x)| \right)$$

$$\leqq \underset{0<x<T_n}{\text{obere Grenze}} \, |g(x) - G_{T_n}(x)| \cdot 2\,\Gamma^2 .$$

Also ist

$$\left| \frac{1}{T_n} \int\limits_0^{T_n} |g(x)|^2 \, dx - \frac{1}{T_n} \int\limits_0^{T_n} |G_{T_n}(x)|^2 \, dx \right| \leqq \frac{1}{T_n} \int\limits_0^{T_n} \left| |g(x)|^2 - |G_{T_n}(x)|^2 \right| dx$$

$$\leqq \underset{0<x<T_n}{\text{obere Grenze}} \, |g(x) - G_{T_n}(x)| \cdot 2\,\Gamma^2 .$$

Hieraus folgt aber die obige Grenzgleichung (*), denn für $n \to \infty$ konvergiert ja die letzte Größe gegen Null; da ferner die Größe $\dfrac{1}{T_n} \int\limits_0^{T_n} |g(x)|^2 \, dx$ gegen den Mittelwert $M\{|g(x)|^2\}$ konvergiert, muß also auch die Größe $\dfrac{1}{T_n} \int\limits_0^{T_n} |G_{T_n}(x)|^2 \, dx$ gegen diesen Grenzwert $M\{|g(x)|^2\}$ streben.

Nach diesen Vorbereitungen ist nun der Beweis des Eindeutigkeitssatzes sehr leicht zu führen. Es sei für $f(x)$ die Voraussetzung

$$a(\lambda) = M\{f(x) \, e^{-i\lambda x}\} = 0$$

für alle λ erfüllt. Zu beweisen ist, daß $f(x)$ identisch verschwindet.

Zunächst folgt aus der Voraussetzung $a(\lambda) = 0$ für alle λ, wie in § 82 bewiesen, daß

$$\lim_{T \to \infty} \sum_{-\infty}^{\infty} |\alpha_n|^4 = 0$$

ist. Da nun bei jedem T

$$\frac{1}{T} \int\limits_0^{T} |G_T(x)|^2 \, dx = \sum_{-\infty}^{\infty} |\alpha_n|^4$$

ist, folgt also, daß

$$\lim_{T \to \infty} \frac{1}{T} \int\limits_0^{T} |G_T(x)|^2 \, dx = 0$$

ist, womit nach dem Obigen insbesondere bewiesen ist, daß

$$M\{|g(x)|^2\} = \lim_{n \to \infty} \frac{1}{T_n} \int\limits_0^{T_n} |G_{T_n}(x)|^2 \, dx = 0$$

sein muß. Aus dieser Eigenschaft $M\{|g(x)|^2\} = 0$ der fastperiodischen Funktion $g(x)$ folgt aber, daß $g(x)$ identisch verschwindet; also ergibt sich speziell, daß

$$g(0) = M_t\{f(t)\,\overline{f(t)}\} = M\{|f(t)|^2\} = 0$$

ist. Aus dieser Gleichung $M\{|f(t)|^2\} = 0$ folgt dann weiter, daß $f(x)$ selbst identisch verschwinden muß, womit der Beweis vollendet ist.

Der Hauptsatz.

84. Nachdem der Eindeutigkeitssatz und somit auch die PARSEVAL-sche Gleichung bewiesen ist, wenden wir uns jetzt zu dem Beweis des eigentlichen *Hauptsatzes* der Theorie: *Die abgeschlossene Hülle* $H\{s(x)\}$ *der Klasse aller endlichen Summen* $s(x) = \sum_1^N a_n e^{i\lambda_n x}$ *ist identisch mit der Klasse der fastperiodischen Funktionen.*

Wir wissen schon (§ 49), daß die Klasse $H\{s(x)\}$ in der Klasse der fastperiodischen Funktionen enthalten ist. Zu beweisen ist, daß auch umgekehrt die Klasse der fastperiodischen Funktionen in der Klasse $H\{s(x)\}$ enthalten ist, d. h. daß der folgende Satz besteht.

APPROXIMATIONSSATZ. *Jede fastperiodische Funktion* $f(x)$ *läßt sich durch endliche Summen* $s(x) = \sum_1^N a_n e^{i\lambda_n x}$ *gleichmäßig für* $-\infty < x < \infty$ *approximieren, d. h. zu jedem* $\varepsilon > 0$ *gibt es eine Summe* $s(x)$ *derart, daß*

$$|f(x) - s(x)| \leqq \varepsilon \quad \text{für alle } x.$$

Dabei sollen als Exponenten λ_n in den auftretenden Approximationssummen $s(x)$ gerade die *Fourierexponenten* Λ_n von $f(x)$ verwendet werden.

Es genügt im Folgenden den Fall zu betrachten, wo die Fourierreihe von $f(x)$ unendlich viele Glieder enthält, da ja die Funktion sonst (nach dem Eindeutigkeitssatz) selbst eine endliche Summe $s(x)$ ist.

Wenn irgendeine endliche Summe $s(x)$ die Funktion $f(x)$ mit der Genauigkeit ε approximiert, d. h. $|f(x) - s(x)| \leqq \varepsilon$ für alle x, so ist es klar, daß ein „fremder" (d. h. von den Fourierexponenten Λ_n verschiedener) Exponent λ_n nur in Verbindung mit einem Koeffizienten a_n vom absoluten Betrage $\leqq \varepsilon$ auftreten kann, weil

$$|a_n| = |M\{s(x)\,e^{-i\lambda_n x}\}| = |M\{(s(x) - f(x))\,e^{-i\lambda_n x}\}| \leqq M\{\varepsilon \cdot 1\} = \varepsilon.$$

Für verschiedene Anwendungen des Approximationssatzes ist es aber von ausschlaggebender Bedeutung, daß man — wie im Fall der reinperiodischen Funktionen — solche fremde Exponenten λ_n vollständig vermeiden kann.

Andererseits muß bei einer hinreichend feinen Approximation jeder vorgegebene Fourierexponent Λ_n tatsächlich in der approximierenden Summe $s(x)$ auftreten, nämlich sobald die Genauigkeit ε kleiner als $|A_n|$ ist.

85. In allen bisherigen Betrachtungen über die Fourierreihe einer fastperiodischen Funktion war kein Anlaß vorhanden, irgendeine besondere Ordnung der Glieder zu wählen. Wie an der entsprechenden Stelle in der Theorie der Fourierreihen reinperiodischer Funktionen haben wir bei dem Beweis des Approximationssatzes zunächst die Frage nach einer solchen Ordnung der Glieder zu erörtern, und zwar wollen wir, um möglichst genauen Anschluß an die klassische Fourierreihentheorie zu bekommen, bei dieser Ordnung nur die Fourierexponenten Λ_n (und nicht die Koeffizienten A_n) berücksichtigen.

Da als Exponentenmenge $\{\Lambda_n\}$ einer fastperiodischen Funktion eine völlig beliebige abzählbare Menge von reellen Zahlen vorkommen kann, könnte es zunächst recht aussichtslos erscheinen, ein allgemeines Prinzip anzugeben, das bei jeder fastperiodischen Funktion $f(x)$ zur sukzessiven Entleerung ihrer Exponentenmenge verwendet werden kann. Durch Heranziehung eines arithmetischen Gesichtspunktes gelingt dies doch in sehr einfacher Weise, und zwar durch die Einführung des Begriffes einer „Basis" der reellen Zahlenmenge $\{\Lambda_n\}$.

Für den Fall endlich vieler Zahlen $\Lambda_1, \ldots, \Lambda_N$ ist der Begriff einer Basis ein sehr geläufiger, und zwar versteht man darunter eine endliche Menge von Zahlen $\beta_1, \ldots, \beta_M$ derart, daß jede der gegebenen Zahlen Λ_n auf eine und nur eine Weise in der Form

$$\Lambda_n = g_{n,1}\,\beta_1 + \cdots + g_{n,M}\,\beta_M$$

mit ganzen Koeffizienten $g_{n,m}$ dargestellt werden kann. Bei dem Übergang zu einer abzählbaren Menge $\Lambda_1, \Lambda_2, \ldots$ muß der Begriff der Basis dahin erweitert werden, daß die Basis ebenfalls abzählbar viele Zahlen $\beta_1, \beta_2, \ldots$ enthalten darf. Darüber hinaus erweist es sich aber als nötig, um den Begriff der Basis für eine beliebige abzählbare Zahlenmenge einführen zu können, für die Koeffizienten $g_{n,m}$ nicht nur ganze, sondern beliebige rationale Zahlen zu erlauben.

86. Es sei $\Lambda_1, \Lambda_2, \Lambda_3, \ldots$ irgendeine Menge von abzählbar vielen reellen Zahlen. Unter einer *Basis*

$$\mathsf{B} = \{\beta_1, \beta_2, \beta_3, \ldots\}$$

dieser Menge verstehen wir eine (höchstens) abzählbare Menge von reellen Zahlen β_n mit den folgenden Eigenschaften.

1°. Die Zahlen $\beta_1, \beta_2, \beta_3, \ldots$ sind *linear unabhängig*, d. h. es besteht bei keinem m eine Relation der Form

$$R_1\beta_1 + R_2\beta_2 + \cdots + R_m\beta_m = 0$$

mit rationalen, nicht sämtlich verschwindenden Koeffizienten $R_1, R_2, \ldots, R_m$.

2°. Jede unserer Zahlen Λ_n läßt sich für hinreichend große m in der Form

$$\Lambda_n = r_1\beta_1 + r_2\beta_2 + \cdots + r_m\beta_m$$

mit *rationalen* Koeffizienten $r_1, r_2, \ldots, r_m$ darstellen. Hierbei ist offenbar, nach 1°, die Darstellung jedes Λ_n (bis auf Glieder mit Nullkoeffizienten) eine eindeutige.

Beispiele. Die aus allen rationalen Zahlen bestehende Menge $\{\Lambda_n\}$ besitzt die Basis $\{1\}$. Die Folge $\Lambda_n = \log n$ $(n = 1, 2, 3, \ldots)$ besitzt als Basis die Menge $\{\log p_n\}$, wo p_n die Folge der Primzahlen $2, 3, 5, \ldots$ durchläuft.

87. Wir wollen nun beweisen, *daß jede Folge* $\Lambda_1, \Lambda_2, \Lambda_3, \ldots$ *eine Basis* $\mathsf{B} = \{\beta_1, \beta_2, \beta_3, \ldots\}$ *besitzt* und sogar eine, deren Zahlen β_n alle zu der Folge $\{\Lambda_n\}$ gehören. Hierzu verfahren wir folgendermaßen: Als erste Basiszahl β_1 nehmen wir die erste Zahl Λ_{n_1} der Folge $\Lambda_1, \Lambda_2, \Lambda_3, \ldots$, welche von 0 verschieden ist (also entweder Λ_1 oder Λ_2), und streichen danach jede Zahl Λ_n der Folge $\Lambda_{n_1+1}, \Lambda_{n_1+2}, \ldots$, für die eine Relation der Form $r_1\beta_1 + r_2\Lambda_n = 0$ in rationalen Zahlen r_1, r_2 mit $r_2 \neq 0$ besteht. Es sei Λ_{n_2} die erste Zahl der Folge $\Lambda_{n_1+1}, \Lambda_{n_1+2}, \ldots$, die hierbei nicht ausgestrichen wird. Dann setzen wir $\beta_2 = \Lambda_{n_2}$ und streichen jede (noch nicht ausgestrichene) Zahl Λ_n der Folge Λ_{n_2+1}, $\Lambda_{n_2+2}, \ldots$, für die eine Relation der Form $r_1\beta_1 + r_2\beta_2 + r_3\Lambda_n = 0$ in rationalen Zahlen r_1, r_2, r_3 mit $r_3 \neq 0$ besteht. Danach setzen wir $\beta_3 = \Lambda_{n_3}$, wo Λ_{n_3} die erste nicht ausgestrichene Zahl der Folge $\Lambda_{n_2+1}, \Lambda_{n_2+2}, \ldots$ bedeutet, usw. Nun gibt es zwei verschiedene Möglichkeiten. Entweder bricht dieses Verfahren nach einer endlichen Anzahl von Schritten, etwa nach p Schritten, dadurch ab, daß die sämtlichen Zahlen $\Lambda_{n_p+1}, \Lambda_{n_p+2}, \ldots$ gestrichen sind (und somit keine Λ übrig sind); in diesem Fall bildet die endliche Menge

$$\{\beta_1, \beta_2, \ldots, \beta_p\} = \{\Lambda_{n_1}, \Lambda_{n_2}, \ldots, \Lambda_{n_p}\}$$

offenbar eine Basis. Oder das Verfahren bricht niemals ab; in diesem Fall wird offenbar eine Basis durch die abzählbare Folge

$$\{\beta_1, \beta_2, \beta_3, \ldots\} = \{\Lambda_{n_1}, \Lambda_{n_2}, \Lambda_{n_3}, \ldots\}$$

gegeben.

88. Wir wählen eine beliebige, aber im Folgenden festzuhaltende *Basis* $\mathsf{B} = \{\beta_1, \beta_2, \beta_3, \ldots\}$ *für die Exponentenfolge* $\Lambda_1, \Lambda_2, \Lambda_3, \ldots$ unserer gegebenen fastperiodischen Funktion $f(x)$. Der Bequemlichkeit halber wollen wir annehmen, daß jede Zahl aus der (abzählbaren) Menge von Zahlen

$$r_1\beta_1 + r_2\beta_2 + \cdots + r_m\beta_m$$

(wobei m beliebig ist und $r_1, r_2, \ldots, r_m$ beliebige rationale Zahlen sind) unter den Exponenten Λ_n vorkommt. Sonst brauchen wir nur in der Reihe $\sum A_n e^{i\Lambda_n x}$ die etwa fehlenden Glieder $A_n e^{i\Lambda_n x}$ mit dem Koeffizienten $A_n = 0$ aufzunehmen. Wir führen den Beweis des Approximationssatzes für den Fall, wo die Basis $\{\beta_1, \beta_2, \beta_3, \ldots\}$ abzählbar ist; die Vereinfachungen, die im Fall einer endlichen Basis vorzunehmen sind, liegen auf der Hand. [Übrigens könnte man diesen letzten Fall auch unmittelbar in dem allgemeinen Fall aufgehen lassen, da jede endliche Basis immer durch sukzessive Hinzufügung neuer Zahlen zu einer unendlichen Basis erweitert werden kann.]

Es sei nun q eine beliebige natürliche Zahl, und es sei $q! = 1 \cdot 2 \cdot 3 \cdots q$ mit Q bezeichnet; ferner sei mit P die Zahl $P = qQ (= q \cdot q!)$ bezeichnet, so daß also $\dfrac{P}{Q} \to \infty$ für $q \to \infty$. Mit E_q wollen wir dann die endliche Menge bezeichnen, welche aus allen Zahlen Λ_n besteht, die mit Hilfe unserer Basis in der Form

$$\Lambda_n = \frac{\nu_1}{Q}\,\beta_1 + \frac{\nu_2}{Q}\,\beta_2 + \cdots + \frac{\nu_q}{Q}\,\beta_q$$

geschrieben werden können, wobei $\nu_1, \nu_2, \ldots, \nu_q$ ganze Zahlen bedeuten, die alle numerisch $\leq P (= qQ)$ sind. Schreiben wir eine beliebige der Zahlen Λ_n in der Form

$$\Lambda_n = r_1\beta_1 + r_2\beta_2 + \cdots + r_m\beta_m = \frac{s_1}{t_1}\,\beta_1 + \frac{s_2}{t_2}\,\beta_2 + \cdots + \frac{s_m}{t_m}\,\beta_m,$$

wobei wir annehmen wollen, daß die Brüche $s_1/t_1, s_2/t_2, \ldots, s_m/t_m$ gekürzt und die Nenner $t_1, t_2, \ldots, t_m$ positiv sind, so gehört diese Zahl Λ_n sicher der Menge E_q an, falls die ganzen Zahlen $m, t_1, t_2, \ldots, t_m$ alle $\leq q$ sind und die rationalen Zahlen $r_1, r_2, \ldots, r_m$ alle numerisch $\leq q$ sind.

Jede der Mengen E_q enthält offenbar die vorhergehende Menge E_{q-1}, d. h. es ist

$$\mathsf{E}_1 \subset \mathsf{E}_2 \subset \cdots \subset \mathsf{E}_q \subset \cdots;$$

ferner ist, nach dem soeben Bemerkten, jedes feste

$$\Lambda_n = r_1\beta_1 + r_2\beta_2 + \cdots + r_m\beta_m = \frac{s_1}{t_1}\,\beta_1 + \frac{s_2}{t_2}\,\beta_2 + \cdots + \frac{s_m}{t_m}\,\beta_m$$

sicher für hinreichend große Werte von q, d. h. für $q \geq q_0 = q_0(n)$, in der Menge E_q enthalten; man kann ja nach dem Obigen für q_0 z. B. die Zahl

$$q_0 = \operatorname{Max}\{m, t_1, t_2, \ldots, t_m, |r_1|, |r_2|, \ldots, |r_m|\}$$

benutzen.

89. Wir betrachten nun eine Folge von endlichen Summen (die wir der Bequemlichkeit halber als unendliche Reihen schreiben) von der Form

$$s_q(x) = \sum k_n^{(q)} A_n\, e^{i\Lambda_n x}, \qquad q = 1, 2, 3, \ldots,$$

wobei diejenigen Exponenten Λ_n, die in der Summe $s_q(x)$ wirklich auftreten (d. h. für welche der vor dem Glied $A_n\, e^{i\Lambda_n x}$ gesetzte Faktor $k_n^{(q)}$ von Null verschieden ist), alle zu der Menge E_q gehören sollen, und wo wir vorläufig nur die beiden weiteren Voraussetzungen machen, daß $0 \leq k_n^{(q)} \leq 1$ für alle n und q, und daß $k_n^{(q)} \to 1$ für n fest und $q \to \infty$.

Es ist leicht zu beweisen, mit Hilfe der PARSEVALschen Gleichung, *daß jede solche Folge von endlichen Summen $s_q(x)$ im Mittel gegen $f(x)$ konvergieren muß*, d. h. daß

$$M\{|f(x) - s_q(x)|^2\} \to 0 \quad \text{für} \quad q \to \infty.$$

In der Tat folgt aus $f(x) \sim \sum A_n e^{i A_n x}$ und $s_q(x) = \sum k_n^{(q)} A_n e^{i A_n x}$, daß

$$f(x) - s_q(x) \sim \sum (1 - k_n^{(q)}) A_n e^{i A_n x};$$

aus der PARSEVALschen Gleichung folgt also, daß

$$M\{|f(x) - s_q(x)|^2\} = \sum_1^\infty (1 - k_n^{(q)})^2 |A_n|^2.$$

Es sei nun zu einem gegebenen $\varepsilon > 0$ die Zahl N so groß gewählt, daß $\sum_{N+1}^\infty |A_n|^2 < \frac{\varepsilon}{2}$ ist; dann ist offenbar

$$M\{|f(x) - s_q(x)|^2\} < \sum_1^N (1 - k_n^{(q)})^2 |A_n|^2 + \frac{\varepsilon}{2},$$

und es gilt somit für hinreichend große Werte von q die Ungleichung

$$M\{|f(x) - s_q(x)|^2\} < \varepsilon,$$

da ja nach Voraussetzung für $q \to \infty$ die N Zahlen $k_1^{(q)}, k_2^{(q)}, \ldots, k_N^{(q)}$ alle gegen 1 konvergieren.

90. Es ist nun früher (in § 73) bewiesen worden: Wenn eine Folge $f_1(x), f_2(x), \ldots, f_n(x), \ldots$ von fastperiodischen Funktionen *im Mittel* gegen die fastperiodische Funktion $f(x)$ konvergiert, so genügt es, um schließen zu können, daß die Konvergenz *gleichmäßig* für $-\infty < x < \infty$ stattfindet, zu wissen, daß die Folge $f_1(x), f_2(x), \ldots, f_n(x), \ldots$ von der Funktion $f(x)$ *majorisiert* wird. Hiernach wird also die oben konstruierte Folge von endlichen Summen $s_q(x)$ sicher für $q \to \infty$ gleichmäßig gegen $f(x)$ konvergieren, wenn es gelingt, die Konstanten $k_n^{(q)}$ so zu wählen, daß die Folge von Funktionen $s_q(x)$ von $f(x)$ majorisiert wird.

91. Zu diesem Zwecke führen wir wieder den FEJÉRschen *Kern*

$$K_n(t) = \sum_{\nu = -n}^n \left(1 - \frac{|\nu|}{n}\right) e^{-i\nu t}$$

ein, welcher schon in der Theorie der reinperiodischen Funktionen eine fundamentale Rolle spielte, und konstruieren nach dem Vorgang von BOCHNER den „zusammengesetzten" Kern

$$K^{(q)}(t) = K_P\left(\frac{\beta_1}{Q} t\right) \cdot K_P\left(\frac{\beta_2}{Q} t\right) \cdots K_P\left(\frac{\beta_q}{Q} t\right)$$

$$= \sum_{\nu_1 = -P}^P \sum_{\nu_2 = -P}^P \cdots \sum_{\nu_q = -P}^P \left(1 - \frac{|\nu_1|}{P}\right)\left(1 - \frac{|\nu_2|}{P}\right) \cdots \left(1 - \frac{|\nu_q|}{P}\right) e^{-it\left(\frac{\nu_1}{Q}\beta_1 + \frac{\nu_2}{Q}\beta_2 + \cdots + \frac{\nu_q}{Q}\beta_q\right)}$$

Wegen der linearen Unabhängigkeit der Zahlen $\beta_1, \beta_2, \ldots, \beta_q$ können keine zwei Glieder in dieser endlichen Summe zusammengefaßt werden (d. h. sie können nicht denselben Faktor $e^{i\lambda t}$ enthalten); ferner sind die Zahlen

$$\frac{\nu_1}{Q}\beta_1 + \frac{\nu_2}{Q}\beta_2 + \cdots + \frac{\nu_q}{Q}\beta_q,$$

die in den Exponenten auftreten, genau die Zahlen $\varLambda_n$, welche der oben definierten Menge E_q angehören.

Wir schreiben $K^{(q)}(t)$ in der Form

$$K^{(q)}(t) = \sum k_n^{(q)} e^{-i\varLambda_n t}$$

(wobei $k_n^{(q)} = 0$ ist, sobald $\varLambda_n$ nicht der Menge E_q angehört). Dann erfüllen die so definierten Zahlen $k_n^{(q)}$, wie leicht zu zeigen, die obigen Bedingungen $0 \leq k_n^{(q)} \leq 1$ für alle n und q, und $k_n^{(q)} \to 1$ für n fest und $q \to \infty$. Die erste ist einleuchtend; die zweite ergibt sich folgendermaßen: Es sei n fest und

$$\varLambda_n = r_1\beta_1 + r_2\beta_2 + \cdots + r_m\beta_m = \frac{s_1}{t_1}\beta_1 + \frac{s_2}{t_2}\beta_2 + \cdots + \frac{s_m}{t_m}\beta_m.$$

Dann gehört, wie oben (in § 88) bemerkt, für $q \geqq q_0 = q_0(n)$, wo $q_0 = \mathrm{Max}\{m, t_1, t_2, \ldots, t_m, |r_1|, |r_2|, \ldots, |r_m|\}$, die Zahl $\varLambda_n$ der Menge E_q an, und es wird offenbar

$$\varLambda_n = \frac{\nu_1}{Q}\beta_1 + \frac{\nu_2}{Q}\beta_2 + \cdots + \frac{\nu_m}{Q}\beta_m + 0\beta_{m+1} + \cdots + 0\beta_q,$$

wo $\nu_1 = r_1 Q, \nu_2 = r_2 Q, \ldots, \nu_m = r_m Q$. Nun ist

$$k_n^{(q)} = \left(1 - \frac{|\nu_1|}{P}\right)\left(1 - \frac{|\nu_2|}{P}\right) \cdots \left(1 - \frac{|\nu_m|}{P}\right) \cdot 1 \ldots 1,$$

und also ergibt sich die Grenzgleichung $k_n^{(q)} \to 1$ für $q \to \infty$, da jede der m Zahlen

$$\frac{|\nu_1|}{P} = |r_1|\frac{Q}{P}, \quad \frac{|\nu_2|}{P} = |r_2|\frac{Q}{P}, \quad \ldots, \quad \frac{|\nu_m|}{P} = |r_m|\frac{Q}{P}$$

für $q \to \infty$ gegen Null konvergiert (weil $Q/P = 1/q \to 0$ für $q \to \infty$).

92. Wir wollen nun beweisen, daß die mit Hilfe der gewählten Konstanten $k_n^{(q)}$ gebildete Folge von Funktionen

$$s_q(x) = \sum k_n^{(q)} A_n e^{i\varLambda_n x}$$

von der Funktion $f(x)$ majorisiert wird, d. h. daß jede zu einem beliebig gegebenen $\varepsilon > 0$ gehörige Verschiebungszahl $\tau = \tau_f(\varepsilon)$ zugleich eine zu ε gehörige Verschiebungszahl j e d e r der Funktionen $s_q(x)$ ist. Danach wird es nach dem Obigen bewiesen sein, daß diese Folge von endlichen Summen $s_q(x)$ für $q \to \infty$ *gleichmäßig* gegen $f(x)$ konvergiert.

Der Beweis beruht darauf, daß für ein beliebiges q

$$s_q(x) = M_t\{f(x + t) K^{(q)}(t)\},$$

wobei $K^{(q)}(t)$ den obigen zusammengesetzten Kern bezeichnet. Diese Formel ist sehr leicht zu bestätigen. In der Tat folgt aus

$$f(x + t) \sim \sum A_n e^{i\varLambda_n x} \cdot e^{i\varLambda_n t},$$

daß $\quad s_q(x) = \sum k_n^{(q)} A_n e^{i A_n x} = \sum k_n^{(q)} M_t \{f(x+t) e^{-i A_n t}\}$

$$= M_t \{f(x+t) \sum k_n^{(q)} e^{-i A_n t}\} = M_t \{f(x+t) K^{(q)}(t)\}.$$

Nun besitzt aber der zusammengesetzte Kern $K^{(q)}(t)$ *dieselben wichtigen Eigenschaften wie der* FEJÉR*sche Kern* $K_n(t)$ *selbst*, nämlich erstens, daß

$$K^{(q)}(t) \geqq 0$$

für alle t, was nach der Definition von $K^{(q)}(t)$ als Produkt von einfachen FEJÉRschen Kernen einleuchtend ist, und zweitens, daß

$$M\{K^{(q)}(t)\} = 1,$$

was ebenfalls einleuchtend ist, wenn man bemerkt, daß der Mittelwert $M\{K^{(q)}(t)\}$ gleich dem konstanten Glied von $K^{(q)}(t)$ ist, das gerade 1 ist.

Durch Anwendung dieser beiden Eigenschaften von $K^{(q)}(t)$ folgt nun leicht, daß jede beliebige zu einem gegebenen $\varepsilon > 0$ gehörige Verschiebungszahl τ von $f(x)$ zugleich eine zu ε gehörige Verschiebungszahl für die endliche Summe $s_q(x)$ ist. In der Tat finden wir für ein beliebiges x

$$s_q(x+\tau) - s_q(x) = M_t \{f(x+\tau+t) K^{(q)}(t)\} - M_t \{f(x+t) K^{(q)}(t)\}$$

$$= M_t \{[f(x+\tau+t) - f(x+t)] \cdot K^{(q)}(t)\}.$$

Nun ist $|f(x+\tau+t) - f(x+t)| \leqq \varepsilon$ für alle t; also ergibt sich (da $K^{(q)}(t) \geqq 0$), daß

$$|s_q(x+\tau) - s_q(x)| \leqq \varepsilon M_t \{K^{(q)}(t)\} = \varepsilon,$$

womit gezeigt ist, daß τ tatsächlich ein $\tau_{s_q}(\varepsilon)$ ist.

Also konvergiert die Folge der endlichen Summen $s_q(x)$ *für* $q \to \infty$ *gleichmäßig gegen* $f(x)$, und der Beweis des Hauptsatzes ist vollendet.

Ein wichtiges Beispiel.

93. Als Spezialfall der fastperiodischen Funktionen haben wir bisher nur (und zwar sehr ausführlich) die reinperiodischen Funktionen der Periode 2π betrachtet. Diese Funktionen sind innerhalb ·der Klasse der fastperiodischen Funktionen dadurch charakterisiert, daß ihre Fourierexponenten alle ganzzahlig sind; die Exponenten sind also in. diesem Falle, von einem arithmetischen Gesichtspunkt, besonders stark miteinander verknüpft, was auch dadurch zum Ausdruck gebracht wird, daß die Schwingungen e^{inx} harmonisch genannt werden.

Im Gegensatz hierzu wollen wir nun den Fall völlig disharmonischer Schwingungen betrachten, d. h. den Fall, wo die Exponenten A_n linear unabhängig sind, wo also gar keine lineare Relation

$$g_1 A_1 + g_2 A_2 + \cdots + g_m A_m = 0$$

mit ganzen, nicht sämtlich verschwindenden Koeffizienten $g_1, g_2, \ldots, g_m$ besteht. Es bildet mit anderen Worten die Exponentenmenge $\{\Lambda_n\}$ hier selbst eine Basis. [Insbesondere ist also kein Λ_n gleich 0.]

Dieser Fall mag in einem gewissen Sinne als der „allgemeine Fall" angesehen werden, nämlich wenn man sich die Fourierexponenten durch sukzessives zufälliges Herausgreifen gewählt denkt. In der Tat, wenn schon die n ersten Fourierexponenten $\Lambda_1, \Lambda_2, \ldots, \Lambda_n$ festgelegt sind, gibt es nur abzählbar viele Zahlen, welche von diesen linear abhängen, während uns die ganze überabzählbare Menge aller reellen Zahlen λ bei der Wahl von Λ_{n+1} zur Verfügung steht.

In diesem Fall der linearen Unabhängigkeit liegen die Verhältnisse so einfach wie nur denkbar; es gilt nämlich der folgende

KONVERGENZSATZ. *Für eine fastperiodische Funktion $f(x)$ mit linear unabhängigen Fourierexponenten konvergiert die Fourierreihe $\sum A_n e^{i\Lambda_n x}$ (bei beliebiger Ordnung der Glieder) gleichmäßig für alle x, indem sogar die von den absoluten Beträgen gebildete Reihe $\sum |A_n|$ konvergent ist.* Nach dem Eindeutigkeitssatz kann also in diesem Falle einfach

$$f(x) = \sum A_n e^{i\Lambda_n x}$$

geschrieben werden.

Zum Beweis dieses Satzes betrachten wir wieder den FEJÉRschen Kern $K_n(t)$, und zwar nur in dem einfachsten Fall $n = 2$, also

$$K_2(t) = 1 + \tfrac{1}{2}(e^{-it} + e^{it}) \quad (= 1 + \cos t).$$

Es sei nun v_n die „Phase" des $n$ten Koeffizienten A_n, also $A_n = |A_n| e^{i v_n}$. Wir bilden für irgendeinen Wert von N einen „zusammengesetzten" Kern, jedoch nicht einfach das Produkt der Kerne $K_2(\Lambda_n t)$, sondern der durch Phasenverschiebung entstehenden Kerne $K_2(\Lambda_n t + v_n)$, also den Kern

$$\mathsf{K}_N(t) = K_2(\Lambda_1 t + v_1) \cdot K_2(\Lambda_2 t + v_2) \ldots K_2(\Lambda_N t + v_N).$$

Beim Ausmultiplizieren erhalten wir

$$\mathsf{K}_N(t) = 1 + \tfrac{1}{2}\{e^{-iv_1} e^{-i\Lambda_1 t} + e^{-iv_2} e^{-i\Lambda_2 t} + \cdots + e^{-iv_N} e^{-i\Lambda_N t}\} + R(t),$$

wobei $R(t)$ eine endliche trigonometrische Summe $\sum a_n e^{i\lambda_n t}$ ist, deren Exponenten λ_n (wegen der linearen Unabhängigkeit der Zahlen Λ_n) von den sämtlichen Zahlen $0, -\Lambda_1, -\Lambda_2, \ldots, -\Lambda_n, \ldots$ verschieden sind.

Wir bilden wie beim Beweis des Approximationssatzes die gefaltete Funktion $M\{f(x+t)\mathsf{K}_N(t)\}$, jedoch nur für $x = 0$, also den Mittelwert

$$\underset{t}{M}\{f(t)\mathsf{K}_N(t)\}.$$

Wegen

$$\underset{t}{M}\{f(t) e^{-i\lambda t}\} = \begin{cases} A_n & \text{für } \lambda = \Lambda_n, \\ 0 & \text{für } \lambda \neq \Lambda_n \end{cases}$$

ergibt sich

$$M_{t}\{f(t)\,\mathsf{K}_N(t)\} = \tfrac{1}{2}\{A_1\,e^{-iv_1} + A_2\,e^{-iv_2} + \cdots + A_N\,e^{-iv_N}\}$$
$$= \tfrac{1}{2}\{|A_1| + |A_2| + \cdots + |A_N|\}.$$

Nun ist aber wieder $\mathsf{K}_N(t) \geqq 0$ für alle t sowie $M\{\mathsf{K}_N(t)\} = 1$. Also ist die linke Seite $M\{f(t)\,\mathsf{K}_N(t)\}$, wenn mit Γ die obere Grenze von $|f(t)|$ bezeichnet wird, höchstens gleich Γ, und wir erhalten somit die Ungleichung

$$|A_1| + |A_2| + \cdots + |A_N| \leqq 2\Gamma,$$

womit die absolute Konvergenz der Reihe $\sum A_n$ dargetan ist.

Zur Orientierung sei noch bemerkt, daß in der gewonnenen Relation $\sum |A_n| \leqq 2\Gamma$ der Faktor 2 keine sachliche Bedeutung hat, sondern nur davon herrührt, daß wir beim Beweis gerade Kerne zweiter Ordnung benutzt haben. Hätten wir an Stelle von $K_2(t)$ den Kern

$$K_p(t) = 1 + \frac{p-1}{p}\,(e^{-it} + e^{it}) + \cdots$$

zugrundegelegt, wären wir in genau derselben Weise zu der Relation $\sum |A_n| \leqq \dfrac{p}{p-1}\,\Gamma$ gelangt, und daraus weiter (durch den Grenzübergang $p \to \infty$) zu der Relation $\sum |A_n| \leqq \Gamma$. In dieser Relation gilt tatsächlich das Gleichheitszeichen, da offenbar die obere Grenze von $|\sum A_n\,e^{i\lambda_n x}|$ nicht größer als $\sum |A_n|$ sein kann.

Nachdem die Konvergenz von $\sum |A_n|$ zunächst festgestellt war, hätten wir übrigens die zuletzt gewonnene Relation

$$\underset{-\infty < x < \infty}{\text{obere Grenze}} |f(x)| = \sum |A_n|$$

auch aus einem bekannten KRONECKERschen Satz über Diophantische Approximationen herleiten können, welcher letzterer Satz ursprünglich zum Beweise des Konvergenzsatzes selbst verwendet wurde.

Anhang I.

Verallgemeinerungen fastperiodischer Funktionen.

94. An die ersten Arbeiten über fastperiodische Funktionen hat sich eine Reihe von weiteren Arbeiten angeschlossen. Unter anderem sind mehrere *Verallgemeinerungen* dieser Funktionenklasse angegeben worden. Die ersten solchen Verallgemeinerungen rühren von STEPANOFF her; unabhängig von ihm wurde auch WIENER bei seinen bedeutsamen Untersuchungen über Fourierintegrale auf eine der STEPANOFFschen Funktionenklassen geführt. Eine sehr weitgehende Verallgemeinerung wurde nachher von BESICOVITCH angegeben. Schließlich hat WEYL am Ende seiner interessanten Arbeit „Integralgleichungen und fastperiodische Funktionen", in welcher eine neue Begründung der Hauptsätze der Theorie der eigentlichen fastperiodischen Funktionen gegeben wurde, eine von den obenerwähnten verschiedene Verallgemeinerung des Begriffes der Fastperiodizität aufgestellt und die so verallgemeinerte Funktionenklasse mit Hilfe seiner Methoden untersucht. Ferner sind einige interessante Beiträge zur Theorie der Verallgemeinerungen von R. SCHMIDT, KOWANKO, FRANKLIN und URSELL zu erwähnen.

Diese verschiedenen Verallgemeinerungen und andere damit zusammenhängende sind neuerdings von BESICOVITCH und dem Verfasser einer eingehenden Untersuchung unterworfen worden. Es sind vor allem die allgemeinen Gesichtspunkte, die wir dabei zugrunde gelegt haben, um zu einer einheitlichen Behandlung des ganzen Fragenkomplexes zu gelangen, welche in diesem Anhange kurz besprochen werden sollen.

95. Zunächst, zur Einführung in das Thema, ein paar Worte über die (in den vorangehenden Vorlesungen ausführlich dargestellte) Theorie der „eigentlichen" fastperiodischen Funktionen.

Unter der *abgeschlossenen Hülle* einer Menge Φ von Funktionen $f(x)$ $(-\infty < x < \infty)$ wollen wir diejenige Funktionenmenge $\boldsymbol{H}(\Phi)$ verstehen, welche aus der gegebenen Menge Φ entsteht, wenn diese durch Hinzufügung aller solcher Funktionen erweitert wird, die *gleichmäßig für alle x* durch Funktionen der Menge Φ approximiert werden können.

Es bezeichne überall im Folgenden $\boldsymbol{E}$ die Menge aller endlichen Summen von reinen Schwingungen

$$s(x) = \sum_{n=1}^{N} a_n e^{i \lambda_n x}.$$

Ferner bezeichne $\boldsymbol{F}$ die Menge der fastperiodischen Funktionen, also die Menge aller stetigen Funktionen $f(x)$ mit der Eigenschaft, daß es zu

jedem $\varepsilon > 0$ eine relativ dicht liegende Menge von Zahlen (Verschiebungszahlen) $\tau \doteq \tau(\varepsilon)$ gibt mit

$$|f(x + \tau) - f(x)| \leqq \varepsilon, \qquad -\infty < x < \infty.$$

Der Hauptsatz der Theorie der fastperiodischen Funktionen (der
Approximationssatz) besagt alsdann, *daß die Menge F gerade die abgeschlossene Hülle von E ist*, also

$$(1) \qquad\qquad F = H(E).$$

Durch diese Gleichung wird (wie in den Vorlesungen hervorgehoben)
unsere Funktionenklasse von zwei verschiedenen Gesichtspunkten aus
charakterisiert: einerseits durch *Schwingungseigenschaften* als abgeschlossene Hülle von endlichen Summen reiner Schwingungen und
andererseits durch *Verschiebungseigenschaften* (Struktureigenschaften)
als fastperiodische Funktionen.

Zu jeder fastperiodischen Funktion $f(x)$ gehört eine *Fourierreihe*
$\sum A_n e^{i\Lambda_n x}$, welche ihrerseits die Funktion $f(x)$ eindeutig bestimmt. Der
Summationssatz von BOCHNER, der den FEJÉRschen Summationssatz
für Fourierreihen reinperiodischer Funktionen auf fastperiodische Funktionen überträgt, liefert einen *Algorithmus*, welcher von der Fourierreihe
aus zu gleichmäßig approximierenden Summen $s(x)$ führt.

96. Bei der Aufgabe, die Theorie der fastperiodischen Funktionen
zu *verallgemeinern*, wird es sich vor allem darum handeln, den Approximationssatz, d. h. die obige Gleichung (1), zu verallgemeinern.
Dabei kann man in zwei verschiedenen Weisen vorgehen. Entweder
kann man von der linken Seite der Gleichung ausgehen, d. h. direkt
versuchen, die Definition der Fastperiodizität zu erweitern, vor allem
dadurch, daß man die Forderung der Stetigkeit aufgibt und zu Funktionen übergeht, die nur solchen Bedingungen unterworfen sind wie
etwa der der Meßbarkeit oder Integrierbarkeit im LEBESGUEschen
Sinne. So ist z. B. STEPANOFF, der als erster und mit großem Erfolg
das Problem der Verallgemeinerung in Angriff genommen hat, vorgegangen. Die Aufgabe wird dann sein, die Schwingungseigenschaften
der so definierten verallgemeinerten fastperiodischen Funktionen zu
studieren. Oder man kann umgekehrt von der rechten Seite der
Gleichung (1) (also von den Schwingungseigenschaften) ausgehen, indem
man den Begriff der abgeschlossenen Hülle der Klasse E verallgemeinert,
d. h. einen anderen Limesbegriff als den der überall gleichmäßigen
Konvergenz zugrunde legt. Man wird hier vor die umgekehrte Aufgabe
gestellt, nämlich für die so definierte abgeschlossene Hülle der Menge
aller endlichen Summen $s(x)$ die zugehörigen verallgemeinerten fastperiodischen Eigenschaften zu erforschen. In dieser Weise ist vor allem
BESICOVITCH vorgegangen. Für eine systematische Behandlung der
Theorie der Verallgemeinerungen fastperiodischer Funktionen bietet

sich, unserer Ansicht nach, der letzte Gesichtspunkt als der natürlichere dar. Die Aufgabe ist hier eine ganz klare und eindeutige; man betrachte nach und nach verschiedene Grenzprozesse G, bilde jedesmal die entsprechende abgeschlossene Hülle $H_G(\boldsymbol{E})$ und suche danach diese Funktionenklasse durch Verschiebungseigenschaften zu charakterisieren.

97. Im Folgenden werde ich mich, der Kürze halber, auf Funktionen der Klasse L beschränken, d. h. der Klasse aller Funktionen $f(x)$ ($-\infty < x < \infty$), die in jedem endlichen Intervall im LEBESGUEschen Sinne integrierbar sind. [BESICOVITCH und ich haben übrigens alle Klassen L^p, wo p eine beliebige Zahl $\geqq 1$ ist, untersucht.]

In der Theorie der reinperiodischen Funktionen der Klasse L, wo es sich um ein *endliches* Intervall (a, b) handelt, wird bekanntlich der folgende Limesbegriff zugrunde gelegt: Es soll $\lim f_n(x) = f(x)$ bedeuten, daß der Mittelwert

$$\frac{1}{b-a}\int\limits_a^b |f(x) - f_n(x)|\,dx$$

für $n \to \infty$ gegen 0 strebt. Oder anders ausgedrückt, indem wir in der bekannten Weise einen Entfernungsbegriff zweier Funktionen einführen: Es wird die Entfernung (Distanz) von $f(x)$ und $g(x)$ durch

$$D[f(x), g(x)] = \frac{1}{b-a}\int\limits_a^b |f(x) - g(x)|\,dx$$

definiert und danach der Limesbegriff $\lim f_n(x) = f(x)$ einfach durch

$$D[f(x), f_n(x)] \to 0 \quad \text{für} \quad n \to \infty$$

erklärt.

In der Theorie der fastperiodischen Funktionen handelt es sich prinzipiell um das *unendliche* Intervall $-\infty < x < \infty$. Wenn man den obigen Limesbegriff, oder besser den obigen Entfernungsbegriff, von einem endlichen auf ein unendliches Intervall zu übertragen wünscht, wird man vor die Wahl mehrerer verschiedener Möglichkeiten gestellt, von denen jede ihre besonderen Eigentümlichkeiten und ihr besonderes Interesse darbietet. Wir führen drei solcher Entfernungsbegriffe ein, die wir mit $D_S[f(x), g(x)]$, $D_B[f(x), g(x)]$ und $D_W[f(x), g(x)]$ bezeichnen, weil sie auf das engste mit den Verallgemeinerungen der fastperiodischen Funktionen von STEPANOFF, BESICOVITCH und WEYL verknüpft sind.

Der STEPANOFF*sche Entfernungsbegriff* ist durch

$$D_S[f(x), g(x)] = \underset{-\infty < x < \infty}{\text{obere Grenze}}\ \frac{1}{L}\int\limits_x^{x+L} |f(\xi) - g(\xi)|\,d\xi$$

gegeben. Hierbei ist L eine feste positive Zahl; ihr Wert ist gleichgültig (sie kann z. B. gleich 1 angenommen werden), weil der Grenzbegriff, welcher durch diesen Entfernungsbegriff festgelegt wird, wie leicht zu sehen, von dem speziellen Werte von L nicht abhängt.

Bei dem BESICOVITCH*schen Entfernungsbegriff* $D_B[f(x), g(x)]$ wird der Mittelwert sogleich über das ganze Intervall $-\infty < x < \infty$ erstreckt:

$$D_B[f(x), g(x)] = \lim_{T \to \infty} \sup \frac{1}{2T} \int_{-T}^{T} |f(x) - g(x)| \, dx.$$

Der WEYL*sche Entfernungsbegriff* ist schließlich ein „Mittelding" zwischen den beiden obigen; es wird hier zunächst, wie bei STEPANOFF, eine feste Länge L betrachtet, die man aber danach über alle Grenzen wachsen läßt:

$$D_W[f(x), g(x)] = \lim_{L \to \infty} \text{ obere Grenze}_{-\infty < x < \infty} \frac{1}{L} \int_{x}^{x+L} |f(\xi) - g(\xi)| \, d\xi.$$

Daß dabei für $L \to \infty$ der Grenzwert wirklich vorhanden ist, läßt sich leicht beweisen.

Bei jedem der drei Entfernungsbegriffe wird der entsprechende Limesbegriff

$$S\text{-}\lim f_n(x) = f(x), \quad B\text{-}\lim f_n(x) = f(x), \quad W\text{-}\lim f_n(x) = f(x)$$

durch die Relation

$$D_S[f(x), f_n(x)] \to 0, \quad D_B[f(x), f_n(x)] \to 0, \quad D_W[f(x), f_n(x)] \to 0$$

erklärt. Und jedesmal wird mit Hilfe des zugrunde gelegten Limesbegriffes die abgeschlossene Hülle der Menge $\boldsymbol{E}$ gebildet, also beziehungsweise

$$H_S(\boldsymbol{E}), \quad H_B(\boldsymbol{E}), \quad H_W(\boldsymbol{E}).$$

Hierbei ist, wie leicht zu sehen,

$$H_S(\boldsymbol{E}) \subset H_W(\boldsymbol{E}) \subset H_B(\boldsymbol{E}).$$

98. Unsere Aufgabe ist nun, die somit definierten drei Funktionenklassen $H_S(\boldsymbol{E}), H_B(\boldsymbol{E}), H_W(\boldsymbol{E})$ durch Verschiebungseigenschaften zu charakterisieren, also genau dieselbe Aufgabe, welche für die mit Hilfe gleichmäßiger Konvergenz abgeschlossene Hülle $\boldsymbol{H}(\boldsymbol{E})$ durch die Gleichung

$$(1) \qquad\qquad \boldsymbol{H}(\boldsymbol{E}) = \boldsymbol{F}$$

gelöst wurde.

Durch eine äußerst einfache, aber prinzipiell wichtige Betrachtung läßt sich nun dieses Problem auf das entsprechende, durch die Gleichung (1) gelöste Problem in der ursprünglichen Theorie zurückführen. Indem wir die Tatsache berücksichtigen, daß die gleichmäßige Konvergenz der engste aller betrachteten Grenzprozesse ist — d. h. *daß die mit Hilfe gleichmäßiger Konvergenz abgeschlossene Hülle* $\boldsymbol{H}(\boldsymbol{E})$ *die engste aller Hüllen* $H(\boldsymbol{E})$ *ist* —, können wir nämlich den Approximationssatz (1) der ursprünglichen Theorie beim Aufbau der verallgemeinerten Theorien direkt als fertiges Resultat benutzen, ohne nochmals auf den Beweis dieses Satzes zurückzukommen. Aus der Ungleichung

$$E \subset H(E) \subset H_G(E),$$

wo G irgendeinen der drei obigen Grenzprozesse S-, B- oder W-lim bedeutet, folgt nämlich unmittelbar, daß $H_G(E) \subset H_G[H(E)] \subset H_G[H_G(E)]$, also, unter Verwendung von $H_G[H_G(\ldots)] = H_G(\ldots)$, daß

$$H_G(E) = H_G[H(E)];$$

dies bedeutet aber, wegen $H(E) = F$, daß

$$(2) \qquad H_G(E) = H_G(F).$$

Diese letzte Gleichung zeigt aber, daß das Problem der fastperiodischen Charakterisierung der Funktionenklasse $H_G(E)$ einfach damit gleichbedeutend ist, die Wirkung zu untersuchen, welche der betrachtete Grenzprozeß G hervorbringt, wenn er auf die eigentlichen fastperiodischen Funktionen der ursprünglichen Klasse F ausgeübt wird. Wir brauchen uns also gar nicht mehr mit der Klasse E, d. h. mit der Theorie der Schwingungen, zu befassen; die Verbindung zwischen Schwingungen und Verschiebungseigenschaften ist ein für allemal durch die ursprüngliche Gleichung (1) zustande gebracht; was zu untersuchen übrig bleibt, hat nur noch mit reinen Verschiebungseigenschaften zu tun.

99. Was die erhaltenen Resultate anbelangt, also die tatsächliche Charakterisierung der obigen drei Funktionenklassen $H_S(E)$, $H_B(E)$, $H_W(E)$ durch Verschiebungseigenschaften, wollen wir uns in dieser kurzen Übersicht auf die Betrachtung der STEPANOFFschen *Klasse* $H_S(E)$ beschränken; für die beiden anderen Funktionenklassen sind die Resultate von wesentlich komplizierterer Natur (und auch die Beweise, vor allem im Fall der BESICOVITCHschen Klasse, wesentlich schwieriger).

Unter Verwendung des oben eingeführten Entfernungsbegriffes $D_S[f(x), g(x)]$ läßt sich das Hauptresultat der STEPANOFFschen Theorie in überaus einfacher Weise angeben, und zwar in engster Analogie zu dem durch die Gleichung (1) ausgedrückten Hauptresultat der Theorie der eigentlichen fastperiodischen Funktionen. Es läßt sich nämlich unschwer zeigen, daß diese Gleichung (1) ohne weiteres ihre Gültigkeit behält, wenn auf den beiden Seiten der Gleichung der (implizite eingehende) primitive Entfernungsbegriff

$$D[f(x), g(x)] = \underset{-\infty < x < \infty}{\text{obere Grenze}} |f(x) - g(x)|,$$

welcher dem Limesbegriff der überall gleichmäßigen Konvergenz entspricht, durch den STEPANOFFschen Entfernungsbegriff $D_S[f(x), g(x)]$ ersetzt wird. Genau gesprochen ist dies folgendermaßen zu verstehen: Bezeichnen wir als eine zu ε gehörige STEPANOFFsche *Verschiebungszahl* einer Funktion $f(x)$ (der Klasse L) jede Zahl $\tau = \tau_f(\varepsilon)$, für welche

$$D_S[f(x + \tau), f(x)] \leqq \varepsilon$$

ist, und nennen wir jede Funktion $f(x)$, welche für jedes $\varepsilon > 0$ eine *relativ dichte* Menge von STEPANOFFschen Verschiebungszahlen $\tau_f(\varepsilon)$ besitzt, *fastperiodisch im* STEPANOFF*schen Sinne*, so wird die Menge F_S aller dieser Funktionen einfach gleich der obigen abgeschlossenen Hülle $H_S(E)$, d. h. es gilt, in vollständiger Analogie zur Gleichung (1), die fundamentale Gleichung

$$F_S = H_S(E).$$

100. Bisher haben wir bei der Besprechung der verallgemeinerten fastperiodischen Funktionen überhaupt kein Wort über den Begriff der „Fourierreihe" der betreffenden Funktionen gesprochen, welcher Begriff in der Theorie der eigentlichen fastperiodischen Funktionen, die Grundlage des ganzen Beweises des dortigen Hauptsatzes, d. h. der obigen Gleichung (1), bildete. Daß eine völlige Vermeidung dieses Begriffes bei den vorangehenden Betrachtungen möglich war, ist aufs engste mit der leitenden Idee der ganzen Untersuchungen verknüpft, welche ja gerade darin bestand, Sätze aus der ursprünglichen Theorie in fertiger Form (ohne Eingehen auf ihre Beweise) auf die verallgemeinerten Funktionenklassen zu übertragen.

Bei der weiteren Entwicklung der Theorie der verallgemeinerten fastperiodischen Funktionen kommt aber der Begriff der *Fourierreihe*, und zwar nun in der natürlichsten Weise, wieder zur Geltung, nämlich sobald es sich darum handelt, einen *Algorithmus* zu finden, welcher für eine gegebene, im verallgemeinerten Sinne fastperiodische Funktion $f(x)$ endliche trigonometrische Summen $s(x)$ anzugeben vermag, die gegen die Funktion $f(x)$, im Sinne des zugrunde gelegten Entfernungsbegriffes, konvergieren.

Für den Zweck, einen solchen Algorithmus zu erhalten, zeigen sich die Fourierreihen in der denkbar besten Weise geeignet. Zunächst ergibt sich, daß *jeder Funktion irgendeiner der betrachteten verallgemeinerten Funktionenklassen tatsächlich eine Fourierreihe* $\sum A_n e^{i \cdot \lambda_n x}$ *zugeordnet werden kann*; dies folgt einfach daraus, daß der Mittelwertsatz der Theorie der eigentlichen fastperiodischen Funktionen auf die verallgemeinerten fastperiodischen Funktionen übertragen werden kann. Weiter ergibt sich nun — immer noch für eine beliebige Funktion $f(x)$ irgendeiner der verallgemeinerten Funktionenklassen —, daß die FEJÉR-BOCHNER*sche Summationsmethode* auch hier genau dasselbe leistet wie in der Theorie der eigentlichen fastperiodischen Funktionen, nämlich daß sie *von der Fourierreihe der Funktion* $f(x)$ *aus, endliche Summen* $s(x)$ *liefert, welche gerade im Sinne des zugrunde gelegten Entfernungsbegriffes gegen die gegebene Funktion* $f(x)$ *streben*

101. Nach der soeben angeführten Tatsache, daß es möglich ist, einen Algorithmus anzugeben, welcher von der Fourierreihe $\sum A_n e^{i \cdot \lambda_n x}$ irgendeiner der verallgemeinerten fastperiodischen Funktionen $f(x)$ aus

6*

zu approximierenden Summen $s(x)$ führt, könnte es zunächst scheinen, als ob daraus — wie im Fall der eigentlichen fastperiodischen Funktionen — sofort gefolgert werden könnte, daß auch in jedem der verallgemeinerten Fälle die Funktion $f(x)$ eindeutig durch ihre Fourierreihe bestimmt sei. Einen Eindeutigkeitssatz in dieser scharfen Form gibt es jedoch (wie schon bei den im LEBESGUEschen Sinne integrierbaren, reinperiodischen Funktionen) nicht für die verallgemeinerten fastperiodischen Funktionen. In der Tat ist bei den Grenzübergängen S-lim, W-lim, B-lim (im Gegensatz zu dem gewöhnlichen Grenzübergang) *die Grenzfunktion $f(x)$ einer Folge von approximierenden Funktionen* $f_n(x)$ nicht im scharfen Sinne eindeutig bestimmt, sondern *nur eindeutig bestimmt bis auf eine „Nullfunktion"*, d. h. eine Funktion $h(x)$, für welche die Entfernung $D_S[f(x), 0]$, $D_W[f(x), 0]$ bzw. $D_B[f(x), 0]$ gleich Null ist. Nur wenn solche Funktionen $f(x), g(x), \ldots$, die sich nur um Nullfunktionen unterscheiden, jedesmal als „identisch" aufgefaßt werden, so gilt wiederum der „strenge" Eindeutigkeitssatz.

Bei dem STEPANOFFschen Entfernungsbegriff ist eine Funktion $h(x)$, wie leicht zu sehen, nur dann eine Nullfunktion, wenn sie bis auf eine Menge vom LEBESGUEschen Maß Null verschwindet; *eine im STEPANOFFschen Sinne fastperiodische Funktion $f(x)$ ist somit durch ihre Fourierreihe „fast überall" bestimmt.* In den beiden anderen Fällen ist der Bereich der Nullfunktionen wesentlich mehr umfassend, so daß hier kein so starker Eindeutigkeitssatz besteht.

102. Zum Schluß sei noch eine wichtige Bemerkung über die BESICOVITCH*sche Verallgemeinerung* der fastperiodischen Funktionen hinzugefügt. Betrachten wir statt Funktionen der Klasse L Funktionen der Klasse L^2 (d. h. die Klasse aller Funktionen $f(x)$, die samt ihrem Quadrat in jedem endlichem Intervall im LEBESGUEschen Sinne integrierbar sind), so gilt für die BESICOVITCHschen Funktionen das Analogon des klassischen RIESZ-FISCHER*schen Satzes* für reinperiodische Funktionen der Klasse L^2. Der BESICOVITCHsche Satz lautet, *daß die notwendige und hinreichende Bedingung, damit eine beliebig hingeschriebene trigonometrische Reihe $\sum a_n e^{i\lambda_n x}$ als Fourierreihe zu einer im BESICOVITCHschen Sinne fastperiodischen Funktion gehört, einfach darin besteht, daß die Reihe $\sum |a_n|^2$ konvergiert.* Mit diesem Satze ist die Theorie der Verallgemeinerungen fastperiodischer Funktionen zu einem gewissen Abschluß gelangt.

Der Leser, welcher in die in diesem Anhang besprochenen Probleme näher einzudringen wünscht, sei z. B. auf das soeben erschienene Buch von BESICOVITCH „Almost periodic functions" hingewiesen, wo gerade die Verallgemeinerungen der fastperiodischen Funktionen eingehend behandelt werden.

Anhang II.

Fastperiodische Funktionen einer komplexen Veränderlichen.

108. In diesem Anhang soll über die (in meiner dritten Acta-Arbeit entwickelte) Theorie der *analytischen* fastperiodischen Funktionen kurz berichtet werden.

Wir gehen hier von einer komplexen Variablen $z = r\,e^{i\theta}$ aus und betrachten die kontinuierlich vielen Potenzen $z^{\lambda} = r^{\lambda}\,e^{i\lambda\theta}$, wo λ alle reellen Werte von $-\infty$ bis $+\infty$ durchläuft, und zwar betrachten wir sie auf der unendlichblättrigen RIEMANNschen Fläche L: $0 < r < \infty$, $-\infty < \theta < \infty$, d. h. auf der Fläche des Logarithmus mit den beiden Verzweigungspunkten unendlich hoher Ordnung $z = 0$ und $z = \infty$. Unsere Fragestellung lautet:

Wie muß eine in einem unendlichblättrigen Kreisringe $r_1 < r < r_2$, $-\infty < \theta < \infty$ der Fläche L reguläre analytische Funktion $f(z)$ beschaffen sein, damit sie im ganzen Kreisringe (also in allen Blättern zugleich und nicht nur in jedem endlichblättrigen Teilgebiet) *aus abzählbar vielen Potenzen z^{λ_n} additiv aufgebaut werden kann, d. h. eine sinnvolle Darstellung der Form*

$$\sum a_n\, z^{\lambda_n}$$

zuläßt?

Besonderes Interesse bietet der Fall $r_1 = 0$ (oder der entsprechende Fall $r_2 = \infty$), wo unsere Fragestellung darauf hinausläuft, zu untersuchen, welches Funktionsverhalten in einem logarithmischen Windungspunkt durch eine „irreguläre" Laurentreihe $\sum a_n\, z^{\lambda_n}$ bewältigt werden kann.

Um möglichst direkten Anschluß an die in den vorangehenden Vorlesungen dargestellte Theorie der fastperiodischen Funktionen einer reellen Variablen zu bekommen — welche Theorie auch für die hier zu entwickelnde die eigentliche Grundlage bildet — wird es im Folgenden bequem sein, durch die einfache Transformation $z = e^s$ (oder $s = \log z$) von der RIEMANNschen Fläche L zu der schlichten Ebene der Variablen $s = \sigma + it$ überzugehen. Die Frage lautet dann:

Welche in einem Streifen $\sigma_1 < \sigma < \sigma_2$ regulären analytischen Funktionen $f(s)$ lassen sich in eine Reihe der Form

$$\sum a_n\, e^{\lambda_n s},$$

also in eine sog. „DIRICHLETsche Reihe", entwickeln?

Dem obigen Falle $r_1 = 0$ (bzw. $r_2 = \infty$) entspricht hier der Fall $\sigma_1 = -\infty$ (bzw. $\sigma_2 = +\infty$), wo der Streifen $\sigma_1 < \sigma < \sigma_2$ zu einer ganzen linken (bzw. rechten) Halbebene erweitert ist.

Wir heben sogleich hervor, daß unser Begriff einer „DIRICHLETSchen Reihe" sich von dem sonst üblichen in zwei wesen lichen Hinsichten unterscheidet. Erstens gehen wir nicht von einer beliebig hingeschriebenen Reihe aus, sondern lassen nur solche Reihen zu, welche von einer Funktion erzeugt werden, und zweitens sind bei uns den reellen Exponenten λ_n gar keine Bedingungen auferlegt, während man sonst nur solche Exponentenfolgen betrachtet, die sich nicht im Endlichen häufen. Dieser letzte Punkt ist, wie im Fall einer reellen Variablen, für die ganze Theorie von entscheidender Bedeutung; erst durch das Fallenlassen jedweder Einschränkungen für die Exponentenfolgen entsteht die Möglichkeit einer einfachen und übersichtlichen Charakterisierung der Klasse von Funktionen, welche in DIRICHLETSche Reihen entwickelt werden können.

104. Wie wir sehen werden, hat die Theorie der fastperiodischen Funktionen einer komplexen Veränderlichen wesentliche Hauptzüge mit der Theorie der fastperiodischen Funktionen einer reellen Variablen gemein. Ein Teil der neuen Theorie verläuft aber in ganz anderen Bahnen, indem er erst durch die hinzukommende Voraussetzung des analytischen Charakters der Funktionen bedingt ist.

·Die zugrunde gelegte Definition lautet hier:

Eine in einem Streifen $\alpha < \sigma < \beta$ $(-\infty \leqq \alpha < \beta \leqq +\infty)$ reguläre analytische Funktion soll „fastperiodisch in (α, β)" heißen, wenn es zu jedem ε eine Länge $l = l(\varepsilon)$ so gibt, daß jedes Intervall $a < t < a + l$ der Länge l auf der imaginären Achse mindestens eine zu ε gehörige Verschiebungszahl $\tau = \tau(\varepsilon)$ enthält, d. h. eine Zahl τ, welche für alle s im ganzen Streifen $\alpha < \sigma < \beta$ der Ungleichung

$$\left| f(s + i\tau) - f(s) \right| \leqq \varepsilon$$

genügt.

Man sieht, daß von der Funktion verlangt wird, erstens daß sie auf jeder vertikalen Geraden $\sigma = \sigma_0$ des Streifens $\alpha < \sigma < \beta$ eine fastperiodische Funktion der (reellen) Ordinate t ist, und zweitens daß die Fastperiodizität auf den verschiedenen Geraden „gleichartig" stattfindet.

Wie durch ein etwas kompliziertes Konstruktionsverfahren gezeigt werden kann, gibt es tatsächlich analytische Funktionen $f(s)$, welche auf jeder Geraden eines vertikalen Streifens fastperiodisch sind, ohne auf den verschiedenen Geraden des Streifens die erwähnte „gleichartige" Fastperiodizität zu besitzen. Eine eingehende Untersuchung dieser recht eigenartigen Funktionen wird demnächst von dem dänischen Mathematiker R. PETERSEN veröffentlicht.

Jede in einem Streifen (α, β) reinperiodische Funktion $f(s)$ wird natürlich daselbst auch fastperiodisch sein. Speziell ist also jede „*reine Schwingung*" $a e^{\lambda s}$, wo λ eine beliebige reelle Zahl bedeutet, fastperiodisch in der ganzen Ebene $(-\infty, +\infty)$.

Es ist für die Darstellung bequem, außer dem obigen Begriff „fastperiodisch in (α, β)" auch einen Begriff „fastperiodisch in $[\alpha, \beta]$" einzuführen; hierunter soll einfach verstanden werden, daß $f(s)$ bei jedem $\delta > 0$ im Teilstreifen $(\alpha + \delta, \beta - \delta)$ fastperiodisch ist.

105. Wie bei den fastperiodischen Funktionen einer reellen Variablen gilt auch hier der Satz, daß jede in $[\alpha, \beta]$ fastperiodische Furktion $f(s)$ in $[\alpha, \beta]$ (d. h. in jedem Teilstreifen) *beschränkt* ist. Von wesentlicher Bedeutung ist nun der folgende Satz, welcher eine Art von Umkehrung besagt: Wenn von einer im Streifen (α, β) regulären Funktion $f(s)$ nur bekannt ist, daß sie auf *einer einzigen Geraden* $\sigma = \sigma_0$ des Streifens fastperiodisch ist (d. h. die Funktion $f(\sigma_0 + it) = F(t)$ ist eine fastperiodische Funktion von t), dann ist $f(s)$ von selbst fastperiodisch im ganzen Streifen $[\alpha, \beta]$, falls sie nur *in* $[\alpha, \beta]$ *beschränkt* bleibt. Dieser Satz erlaubt den Begriff eines „Maximalstreifens" der Fastperiodizität einer Funktion $f(s)$ einzuführen, d. h. des größten Streifens $[\alpha^*, \beta^*]$, welcher den gegebenen Fastperiodizitätsstreifen $[\alpha, \beta]$ enthält, und in welchem $f(s)$ noch beschränkt (und daher auch fastperiodisch) bleibt.

Der erwähnte Satz liefert uns auch eine sehr bequeme Handhabe, fertige Sätze aus der Theorie der fastperiodischen Funktionen einer reellen Variablen direkt auf komplexe Variable zu übertragen, ohne nochmals auf Beweise einzugehen. So beweist man z. B. mit seiner Hilfe sofort den Satz, daß die *Summe* zweier in einem Streifen $[\alpha, \beta]$ fastperiodischen Funktionen wieder in $[\alpha, \beta]$ fastperiodisch ist. Denn $f(s)$ und $g(s)$, und daher auch $f(s) + g(s)$, sind beschränkt in $[\alpha, \beta]$, und auf einer beliebig gewählten festen Geraden $\sigma = \sigma_0$ sind $f(\sigma_0 + it)$ und $g(\sigma_0 + it)$ und also auch $f(\sigma_0 + it) + g(\sigma_0 + it)$ fastperiodische Funktionen von t. Auch das *Produkt* und die *Grenzfunktion* einer gleichmäßig konvergenten Folge von fastperiodischen Funktionen ist wieder fastperiodisch; insbesondere stellt also jede in $[\alpha, \beta]$ gleichmäßig konvergente Reihe der Form

$$\sum a_n\, e^{\lambda_n s}$$

durch ihre Summe eine in $[\alpha, \beta]$ fastperiodische Funktion dar. Ferner gilt — wie bei den reellen Variablen — der Satz, daß das *Integral* einer fastperiodischen Funktion wieder fastperiodisch ausfällt, wenn es überhaupt beschränkt bleibt. Neuartig, ohne Analogon bei den reellen Variablen, sind jedoch hier die beiden folgenden Sätze: Der *Differentialquotient* einer fastperiodischen Funktion ist wieder fastperiodisch, und (was für verschiedene Untersuchungen wesentlich ist) der *Quotient* $f(s)/g(s)$ zweier fastperiodischen Funktionen ist immer fastperiodisch, wenn der Nenner $g(s)$ nur keine Nullstellen im Streifen besitzt; man braucht also hier nur $g(s) \neq 0$ und nicht $|g(s)| > k > 0$ vorauszusetzen; übrigens ist es eine charakteristische Eigenschaft einer analytischen fastperiodischen Funktion $g(s)$, daß, falls sie in (α, β) von 0 verschieden ist, ihr absoluter Betrag $|g(s)|$ von selbst in jedem Teilstreifen eine positive untere Schranke haben muß.

Übrigens läßt sich zeigen, daß es für die Fastperiodizität des Quotienten $h(s) = f(s)/g(s)$ zweier fastperiodischer Funktionen $f(s)$ und $g(s)$ sogar genügt, daß die Funktion $h(s)$ im betreffenden Streifen r e g u l ä r ist; es darf mit anderen Worten der Nenner $g(s)$ sehr wohl in gewissen Punkten verschwinden, wenn nur der Zähler $f(s)$ in denselben Punkten Nullstellen (und zwar mindestens von derselben Multiplizität) besitzt.

Dieser Satz, welcher offenbar einen Ausgangspunkt für den Aufbau einer Theorie der m e r o m o r p h e n fastperiodischen Funktionen darbietet läßt sich als Verallgemeinerung eines schönen Satzes von RITT über Exponentialpolynome auffassen.

106. Um zu der *Dirichletentwicklung* $\sum A_n e^{\cdot \mathbf{1}_n s}$ einer in (α, β) fastperiodischen Funktion $f(s)$ zu gelangen, verfahren wir folgendermaßen. Auf jeder festen Geraden $\Re(s) = \sigma$ des Streifens ist $f(\sigma + it) = F_\sigma(t)$ fastperiodisch in t und hat also eine Fourierreihe

$$F_\sigma(t) \sim \sum A_n^{(\sigma)} e^{i \cdot \mathbf{1}_n^{(\sigma)} t}.$$

Nun läßt sich aber mit Hilfe des CAUCHYschen Integralsatzes leicht zeigen, erstens daß die E x p o n e n t e n $\Lambda_n^{(\sigma)}$ von σ u n a b h ä n g i g sind, und zweitens daß die Koeffizienten $A_n^{(\sigma)}$ in der „richtigen" Weise von σ abhängen, d. h. $A_n^{(\sigma)} = A_n e^{\Lambda_n \sigma}$, wo A_n eine Konstante ist, die nicht von σ abhängt. *Die Fourierreihen auf den kontinuierlich vielen Geraden $\Re(s) = \sigma$ schließen sich also zu einer einzigen Entwicklung der Form*

$$\sum A_n e^{\cdot \mathbf{1}_n \sigma} \cdot e^{i \cdot \mathbf{1}_n t} = \sum A_n e^{\cdot \mathbf{1}_n s}$$

zusammen, und diese Entwicklung ist es, die wir als *die* „DIRICHLET*sche Reihe" der Funktion $f(s)$ im Streifen (α, β)* bezeichnen. Wir schreiben auch hier

$$f(s) \sim \sum A_n e^{\cdot \mathbf{1}_n s}.$$

Im Spezialfalle einer r e i n p e r i o d i s c h e n Funktion der Periode $2\pi i$ (oder, wenn wir zu der z-Ebene zurückkehren, einer Funktion im s c h l i c h t e n Kreisringe $r_1 < |z| < r_2$) geht unsere DIRICHLETsche Reihe in die gewöhnliche L a u r e n t r e i h e der Funktion $f(s)$ über.

107. Aus der Theorie für den Fall einer reellen Variablen überträgt sich unmittelbar der *Eindeutigkeitssatz*, daß zu zwei verschiedenen in einem gemeinsamen Streifen fastperiodischen Funktionen zwei verschiedene DIRICHLETsche Reihen gehören, und der Satz von der Konvergenz im Mittel, d. h. die PARSEVAL*sche Gleichung*

$$M\{|f(\sigma + it)|^2\} = \sum |A_n|^2 e^{2 \cdot \mathbf{1}_n \sigma}, \qquad \alpha < \sigma < \beta.$$

Auch die *Rechenregeln* für das Operieren mit den Reihenentwicklungen übertragen sich sofort: Die Dirichletentwicklung einer Summe, eines Produktes, einer Grenzfunktion, eines Integrales (falls es beschränkt bleibt) und eines Differentialquotienten entsteht durch formales Rechnen mit den Dirichletreihen der vorgelegten Funktionen.

Der *Approximationssatz* läßt sich ebenfalls unschwer übertragen und liefert den folgenden Hauptsatz der ganzen Theorie: *Damit eine in* $[\alpha, \beta]$ *analytische Funktion fastperiodisch ist, ist notwendig und hinreichend, daß sie sich gleichmäßig in* $[\alpha, \beta]$ *durch Exponentialpolynome* $\sum_1^N a_n e^{\lambda_n s}$ *annähern läßt.* Approximierende Exponentialpolynome·lassen sich wieder durch das Bochnersche *Summationsverfahren* angeben.

Beispiele von Dirichletreihen, die im Streifen $[\alpha, \beta]$ *gleichmäßig konvergieren*, liefert der Fall *linear unabhängiger Exponenten.* Weitere einfache Beispiele erhalten wir durch den folgenden Satz, der eine Brücke zu der Theorie der gewöhnlichen Dirichletschen Reihen mit sich nicht im Endlichen häufenden Exponentenfolgen schlägt: Falls bei jedem $\delta > 0$ die Reihe

$$\sum e^{-|\Lambda_n|\delta}$$

konvergiert, ist die Dirichletentwicklung $\sum \Lambda_n e^{\Lambda_n s}$ im ganzen Fastperiodizitätsstreifen (α, β) absolut konvergent. Hierunter subsumiert sich die gewöhnliche Laurententwicklung $\sum a_n e^{n\frac{2\pi}{\rho}s}$ reinperiodischer Funktionen.

108. Ebenso wie bei den gewöhnlichen Laurentreihen $\sum\limits_{-\infty}^{\infty} a_n z^n$ der spezielle Fall lauter positiver Exponenten, d. h. der Fall einer üblichen Potenzreihe $\sum\limits_{0}^{\infty} a_n z^n$, eine besondere Rolle spielt, so bietet auch hier der Fall, wo die *Dirichletexponenten* Λ_n *unserer fastperiodischen Funktion* $f(s)$ *alle dasselbe Vorzeichen* haben, ein besonderes Interesse dar. Wir gehen daher zur Betrachtung solcher Funktionen über.

Man gelangt hier zu Resultaten, die einen fast ebenso abgerundeten Charakter tragen wie die im klassischen Spezialfalle der eigentlichen Potenzreihen $\sum\limits_{0}^{\infty} a_n z^n = \sum\limits_{0}^{\infty} a_n e^{ns}$ (nur daß in unserem allgemeinen Falle natürlich keine gewöhnliche Konvergenz stattzufinden braucht). Wir beginnen mit einem wichtigen Randwertsatz, dessen Beweis auf dem obigen Approximationssatz, unter Heranziehung des klassischen Phragmén-Lindelöfschen Prinzips, basiert.

Es sei

$$F(t) \sim \sum A_n e^{i\Lambda_n t}$$

eine ganz beliebige (d. h. nicht etwa analytisch vorausgesetzte) fastperiodische Funktion mit lauter positiven Exponenten Λ_n. Dann ist sie die Randfunktion einer in der Halbebene $\sigma < 0$ regulären analytischen Funktion, d. h. es gibt eine in $\sigma < 0$ reguläre, für $\sigma \leq 0$

stetige Funktion $f(s)$, welche auf der imaginären Achse $\sigma = 0$ der Randbedingung

$$f(it) = F(t)$$

genügt; und diese Funktion $f(s)$ ist fastperiodisch in $(-\infty, 0)$, strebt für $\sigma \to -\infty$ gleichmäßig in t gegen 0, und ihre Dirichletentwicklung entsteht aus der Fourierentwicklung von $F(t)$, indem it durch $\sigma + it = s$ ersetzt wird, d. h.

$$f(s) \sim \sum A_n e^{\Lambda_n s}.$$

Aus diesem Randwertsatz folgt das zunächst wohl überraschend erscheinende Resultat über fastperiodische Funktionen einer r e e l l e n Variablen, daß eine solche Funktion, falls sie *lauter positive* (oder lauter negative) *Fourierexponenten* besitzt, *durch ihren Verlauf auf einem beliebig kleinen Intervall schon vollständig bestimmt ist.*

Aus dem obigen Randwertsatz können wir sofort den folgenden wichtigen Satz ableiten.

Falls eine in $[\alpha, \beta]$ fastperiodische Funktion $f(s) \sim \sum A_n e^{\Lambda_n s}$ lauter positive Dirichletexponenten besitzt, so ist sie über die ganze linke Halbebene $\sigma \leqq \alpha$ analytisch fortsetzbar und liefert eine in $(-\infty, \beta]$ fastperiodische Funktion $f(s)$, welche für $\sigma \to -\infty$ gleichmäßig in t gegen 0 strebt.

In der Tat brauchen wir nur bei einem festen σ_0 im Intervalle $\alpha < \sigma < \beta$ die fastperiodische Funktion $F(t) = f(\sigma_0 + it)$ zu betrachten. Ihre Fourierreihe ist durch $\sum A_n e^{\Lambda_n \sigma_0} e^{i \Lambda_n t}$ gegeben und hat daher lauter positive Exponenten; also ist sie die Randfunktion einer in der ganzen linken Halbebene $\sigma < \sigma_0$ analytischen fastperiodischen Funktion, die aber mit der gegebenen Funktion $f(s)$ zusammenfallen muß, weil sie mit ihr auf der Geraden $\sigma = \sigma_0$ übereinstimmt.

Corollar. Jede in einem Streifen (α, β) fastperiodische Funktion $f(s) \sim \sum A_n e^{\Lambda_n s}$, deren Exponenten Λ_n beschränkt sind, $|\Lambda_n| < K$, muß eine g a n z e T r a n s z e n d e n t e sein. Denn $f(s) e^{Ks}$ hat lauter positive Exponenten und ist daher nach links fortsetzbar, und $f(s) e^{-Ks}$ hat lauter negative Exponenten und ist folglich nach rechts fortsetzbar. Solche Funktionen mit beschränkten Exponenten (die aber in einem endlichen Intervall überall dicht liegen können) spielen in unserer Theorie eine ähnliche Rolle wie die P o l y n o m e in der Theorie der analytischen Funktionen eines schlichten Kreisringes.

Wenn man statt der Voraussetzung „lauter positiver" Exponenten nur die Voraussetzung lauter n i c h t n e g a t i v e r Exponenten macht, also ein konstantes Glied c in der Entwicklung $f(s) \sim \sum A_n e^{\Lambda_n s}$ erlaubt, gilt der obige Satz natürlich ebenso, nur daß $f(s)$ für $\sigma \to -\infty$ gegen eben dieses konstante Glied (statt gerade gegen 0) konvergiert. Andererseits sieht man sofort, daß, wenn in der Dirichletentwicklung einer in einer linken Halbebene $[-\infty, \beta]$ fastperiodischen Funktion $f(s)$ mindestens ein **negativer** Exponent Λ_n vorkommt, so kann $f(s)$ für $\sigma \to -\infty$ nicht einmal beschränkt bleiben; denn bei festem σ ist ja

$$\underset{-\infty < t < \infty}{\text{obere Grenze}} \, |f(\sigma + it)| \geqq |M\{f(\sigma + it)\, e^{-i\Lambda_n t}\}| = |A_n\, e^{\Lambda_n \sigma}|,$$

wo die rechte Seite wegen $\Lambda_n < 0$, für $\sigma \to -\infty$ gegen ∞ strebt. Also können wir schließen: Wenn eine in $[-\infty, \beta]$ fastperiodische Funktion für $\sigma \to -\infty$ beschränkt bleibt, muß sie lauter nichtnegative Exponenten haben und daher sogar einem bestimmten **Grenzwerte** zustreben.

109. Aus dem Vorangehenden folgt, daß für eine beliebige, in einer **Halbebene** $[-\infty, \beta]$ **fastperiodische** Funktion $f(s)$ *bei der Annäherung an den unendlich fernen „Punkt" $\sigma = -\infty$ nur drei Möglichkeiten bestehen*, ganz wie es nach dem Satze von WEIERSTRASS für eine reinperiodische Funktion (d. h., wenn wir zur z-Ebene zurückkehren, für eine in einer Umgebung eines Punktes der schlichten Ebene reguläre Funktion) der Fall ist, nämlich:

A. $f(s)$ *strebt gegen einen endlichen Grenzwert* (regulärer Fall).

B. $|f(s)|$ *strebt gegen ∞* (polarer Fall).

C. *Die Werte von $f(s)$ liegen in jeder Halbebene $\sigma < \sigma_0$ überall dicht* (wesentlich singulärer Fall).

In der Tat können wir wörtlich wie beim Beweise des WEIERSTRASS-schen Satzes so schließen: Wenn $f(s)$ nicht dem Falle C angehört, wenn es also eine Zahl a mit $|f(s) - a| > k > 0$ gibt, muß der Fall A oder B vorliegen, weil die Funktion $g(s) = 1/(f(s) - a)$ in einer linken Halbebene fastperiodisch und beschränkt ist und also nach dem Obigen einem bestimmten Grenzwert zustreben muß; ist dieser Grenzwert $\neq 0$, tritt der Fall A, ist er $= 0$ der Fall B ein.

Im Falle C gilt sogar auch der PICARD*sche Satz*, d. h. es nimmt die Funktion $f(s)$ in jeder linken Halbebene alle Werte, bis auf höchstens einen, an.

Wie läßt sich aber an der **Reihenentwicklung** der Funktion erkennen, ob Fall A, B oder C eintritt? Die Antwort ist sehr einfach (der Beweis jedoch nicht ganz leicht):

a. Das reguläre Verhalten A entspricht dem Fall, wo alle $\Lambda_n \geqq 0$ sind.

b. Das polare Verhalten B entspricht dem Fall, wo es negative Exponenten gibt, und unter ihnen einen **numerisch größten**.

c. Das wesentlich singuläre Verhalten C entspricht dem Falle, wo es negative Exponenten gibt, unter ihnen aber **keinen numerisch größten**. Es gehören also hierher sowohl die Funktionen, deren Exponenten sich gegen $-\infty$ häufen, als auch diejenigen, deren Exponenten sich gegen eine endliche negative Zahl Λ^* als untere Grenze häufen, die aber nicht selbst zur Menge der Λ_n gehört. Durch eine verfeinerte Analyse lassen sich jedoch Unterschiede zwischen diesen beiden Klassen von Funktionen aufweisen; so läßt sich zeigen, daß bei einer Funktion $f(s)$ der zweiten Klasse überhaupt kein PICARDscher Ausnahmewert vorhanden sein kann, d. h. daß $f(s)$ in jeder linken Halbebene sogar sämtliche Werte annimmt.

110. Nachdem jetzt solche fastperiodische Funktionen besprochen sind, deren Definitionsbereich eine ganze Halbebene ausmacht, kehren wir wieder zur Betrachtung der in einem beliebigen vertikalen Streifen definierten fastperiodischen Funktionen zurück. Unser Ziel ist jetzt die Behandlung der Frage nach der *Laurenttrennung fastperiodischer Funktionen*. Der klassische LAURENTsche Satz für eine in einem schlichten Kreisringe $r_1 < |z| < r_2$ analytische Funktion, oder in unserer Sprachweise für eine in einem Streifen $\sigma_1 < \sigma < \sigma_2$ reinperiodische Funktion $f(s)$, besagt, daß $f(s)$ in zwei reinperiodische Summanden

$$f(s) = f_1(s) + f_2(s)$$

zerlegt werden kann, von denen $f_1(s)$ in der linken Halbebene $\sigma < \sigma_2$, und $f_2(s)$ in der rechten Halbebene $\sigma > \sigma_1$ analytisch ist, und $f_1(s)$ und $f_2(s)$ in den „Punkten" $\sigma = -\infty$ bzw. $\sigma = +\infty$ noch regulär sind. Nach den vorangehenden Resultaten über fastperiodische Funktionen, deren Exponenten alle dasselbe Vorzeichen haben, könnte es zunächst scheinen, als ob die Laurenttrennung unmittelbar auf eine beliebige in einem Streifen $\sigma_1 < \sigma < \sigma_2$ fastperiodische Funktion $f(s) \sim \sum A_n e^{-\lambda_n s}$ übertragbar, und zwar einfach dadurch zu erhalten wäre, daß man die beiden Teilreihen

$$\sum_{\lambda_n > 0} A_n e^{-\lambda_n s} \quad \text{und} \quad \sum_{\lambda_n < 0} A_n e^{-\lambda_n s}$$

mit lauter positiven bzw. negativen Exponenten bildete, welche dann fastperiodische Funktionen $f_1(s)$ und $f_2(s)$ darstellten, von denen $f_1(s)$ nach links, $f_2(s)$ nach rechts analytisch fortsetzbar wäre. Dieses Verfahren ist aber deshalb nicht unmittelbar erlaubt, weil man ja nicht weiß, ob die beiden Teilreihen $\sum\limits_{\lambda_n > 0}$ und $\sum\limits_{\lambda_n < 0}$ je für sich Dirichletentwicklungen von fastperiodischen Funktionen sind. Und in der Tat ist es nicht nur dieser Beweisansatz, sondern die Laurenttrennung selbst, welche versagen kann. Durch passend konstruierte Beispiele läßt sich nämlich zeigen, daß tatsächlich fastperiodische Funktionen existieren, welche eine Laurenttrennung nicht zulassen. Dies scheint zunächst recht entmutigend, weil eine Laurenttrennung nicht nur an und für sich von Interesse wäre, sondern vor allem ein kräftiges Mittel zu weiterem Vordringen in die Theorie darböte. Glücklicherweise läßt sich aber durch eine kleine Gedankenwendung dieser Übelstand überwinden. Man kann nämlich zeigen, daß, wenn auch eine fastperiodische Funktion $f(s)$ nicht immer selbst eine Laurenttrennung gestattet, so doch immer ihr Differentialquotient $f'(s)$. Dies hat seinen analytischen Grund in der CAUCHYschen Darstellung

$$f'(s) = \frac{1}{2\pi i} \int \frac{f(z)}{(z-s)^2} \, dz,$$

wo die zweite Potenz im Nenner es ermöglicht, den Integrationsweg ins Unendliche zu erstrecken, während das entsprechende bei der Darstellung von $f(s)$ selbst

$$f(s) = \frac{1}{2\pi i} \int \frac{f(z)}{z-s}\, dz$$

im Allgemeinen nicht möglich ist. Auch von einem rein formalen Gesichtspunkte aus, bei oberflächlicher Betrachtung der Dirichletentwicklungen von $f(s)$ und $f'(s)$, ist es leicht verständlich, daß $f'(s)$ in Bezug auf eine Trennung bei $\lambda = 0$ ein viel angenehmeres Verhalten als $f(s)$ selbst aufweist; denn bei dem Übergang von der Reihenentwicklung $\sum A_n e^{\lambda_n s}$ für $f(s)$ zu der Entwicklung $\sum A_n \Lambda_n e^{\Lambda_n s}$ für $f'(s)$ treten ja zu den Gliedern $A_n e^{\Lambda_n s}$ Faktoren Λ_n hinzu, welche gerade in der Nähe von $\lambda = 0$ sehr klein sind.

Mit Hilfe der Laurenttrennung des Differentialquotienten kann man nun tatsächlich in vielen Fällen dasselbe erreichen, was uns eine (nicht immer mögliche) Trennung von $f(s)$ selbst liefern würde. Wir führen z. B. den *erweiterten Eindeutigkeitssatz* an, welcher besagt, daß, falls $f(s)$ in einem Streifen (α, β), und $g(s)$ in einem Streifen (γ, δ) fastperiodisch sind, und die Dirichletentwicklung von $f(s)$ in (α, β) mit der Dirichletentwicklung von $g(s)$ in (γ, δ) formal identisch ist, $f(s)$ und $g(s)$ dieselbe analytische Funktion sind, auch in dem Falle, wo die beiden Streifen *ganz außerhalb* einander liegen, etwa $\alpha < \beta < \gamma < \delta$; es gibt dann eine im ganzen Streifen $\alpha < \sigma < \delta$ fastperiodische Funktion, welche in (α, β) mit $f(s)$, in (γ, δ) mit $g(s)$ übereinstimmt. Der Beweis verläuft ganz parallel dem Beweise des entsprechenden Satzes über gewöhnliche Laurentreihen, nur daß in unserem Falle zunächst durch Laurenttrennung die Identität der Differentialquotienten $f'(s)$ und $g'(s)$ nachgewiesen und dann nachher durch Integration zu den gegebenen Funktionen $f(s)$ und $g(s)$ selbst übergegangen wird. [Übrigens ist später ein mehr direkter Beweis dieses erweiterten Eindeutigkeitssatzes gefunden worden.]

111. Wir betrachten wieder den Fall, wo $f(s)$ in einer ganzen Halbebene gegeben ist, und zwar wollen wir den sog. *Umkehrsatz* der Theorie besprechen, welchem schon deshalb ein besonderes Interesse zukommt, weil er in eigenartiger Weise zum Ausdruck bringt, wie „abgerundet" die Klasse der fastperiodischen Funktionen erscheint. Um die Analogie mit dem entsprechenden Satz für den Spezialfall einer gewöhnlichen Potenzreihe (und den, jedoch nur scheinbar allgemeineren Fall einer algebraischen Singularität) deutlich hervortreten zu lassen, ziehen wir vor, in der z-Ebene statt in der s-Ebene zu operieren (also die anfangs genannte Variabeltransformation $s = \log z$ auszuführen), so daß wir es — statt mit einer in einer linken Halbebene gegebenen Funktion $f(s)$ — mit einer Funktion $\varphi(z) = f(\log z)$

zu tun haben, welche in einer gewissen kreisförmigen Umgebung des unendlichblättrigen Windungspunktes $z = 0$ analytisch und in Bezug auf die Winkel θ fastperiodisch ist, und deren Dirichletentwicklung oder hier vielleicht besser „verallgemeinerte Laurententwicklung", mit

$$\sum A_n z^{-\lambda_n}$$

bezeichnet wird. Wir nehmen an, daß *die Exponenten Λ_n alle positiv* sind (regulärer Fall) und außerdem noch, daß es unter ihnen *einen kleinsten* gibt. Es ist dann leicht zu sehen, daß durch unsere Funktion $w = \varphi(z)$ eine hinreichend kleine Umgebung des unendlichblättrigen Windungspunktes $z = 0$ auf eine gewisse volle Umgebung des unendlichblättrigen Windungspunktes $w = 0$ abgebildet wird, so daß wir in einer Umgebung dieses letzteren Windungspunktes $w = 0$ von der *zu* $w = \varphi(z)$ *inversen* Funktion $z = \psi(w)$ sprechen können. Weiter läßt sich nun zeigen — und dies ist der Umkehrsatz —, *daß diese inverse Funktion $z = \psi(w)$ wiederum eine fastperiodische Funktion ist.*

Aus diesem Satze folgt z. B., daß die inverse Funktion der RIEMANN-schen Zetafunktion $\zeta(s) = \sum_1^\infty \frac{1}{n^s}$ sowie anderer wichtigen zahlentheoretischen Funktionen (wenn diese erst einer harmlosen Variabeltransformation unterworfen werden) wiederum fastperiodische Funktionen sind. Es wäre vielleicht eine Aufgabe von Interesse, diese fastperiodischen Umkehrfunktionen und insbesondere ihre Dirichletentwicklungen näher zu untersuchen.

112. Ich schließe diese kurze Skizze der Theorie der fastperiodischen Funktionen einer komplexen Veränderlichen mit der Besprechung einiger interessanten, noch nicht veröffentlichten Resultate von JESSEN über die *Werteverteilung* einer fastperiodischen Funktion. Indem ich mich hier wieder der Sprache der s-Ebene bediene, betrachten wir eine beliebige, in einem Streifen $[\alpha, \beta]$ fastperiodische Funktion $f(s)$. Es sei a ein fester Wert, welcher von $f(s)$ in diesem Streifen angenommen wird. Wir fragen nach der Verteilung aller a-Stellen unseres Streifens. Ohne Beschränkung der Allgemeinheit darf $a = 0$ angenommen werden, so daß wir es gerade mit den Nullstellen von $f(s)$ zu tun haben. Es sei (γ, δ) ein Teilstreifen von (α, β), welcher mindestens eine von den Nullstellen von $f(s)$ im Innern enthält. Mit $N(T)$ bezeichnen wir die Anzahl der Nullstellen in demjenigen Teil des Streifens (γ, δ), dessen Ordinaten zwischen $-T$ und T gelegen sind. Aus der Fastperiodizität von $f(s)$ ergibt sich unschwer, daß diese Anzahl $N(T)$ für $T \to \infty$ ins Unendliche wächst, und zwar wie im reinperiodischen Fall von der Ordnung T in dem Sinne, daß der Quotient $N(T)/2T$ für hinreichend große Werte von T zwischen zwei positiven Konstanten bleibt. Es erhebt sich nun von selbst die weitere Frage, ob die Verteilung der Nullstellen in (γ, δ) auch (wie in dem reinperiodischen Fall) eine so regelmäßige ist, daß der obige Quotient $N(T)/2T$ für $T \to \infty$ sogar einem bestimmten Grenzwert $G = G(\gamma, \delta)$ zustrebt, also ob man von einer bestimmten „relativen Häufigkeit" der Nullstellen in (γ, δ) reden kann. Die Antwort lautet, daß bei einer gegebenen fastperiodischen Funktion $f(s)$ dies wohl nicht immer, sondern „fast immer" der Fall ist, in dem Sinne, *daß es höchstens abzählbar viele Wertepaare γ, δ im Intervalle $\alpha < \sigma < \beta$ gibt, für welche der Grenzwert $G(\gamma, \delta)$ nicht existiert.* Die kritischen etwaigen Ausnahmewerte von γ und δ sowie der Grenzwert $G(\gamma, \delta)$ für alle andere Wertepaare γ, δ lassen sich nach JESSEN in der folgenden einfachen Weise charakterisieren: Bei jedem festen σ des Intervalles $\alpha < \sigma < \beta$ bildet man den Mittelwert

$$\varphi(\sigma) = \underset{t}{M}\{\log|f(\sigma + it)|\},$$

dessen Existenz aus der Fastperiodizität von $f(s)$ gefolgert werden kann. Die in dieser Weise unserer analytischen Funktion $f(s)$ zugeordnete reelle Funktion $\varphi(\sigma)$ des Intervalles $\alpha < \sigma < \beta$ zeigt sich als stetig und konvex, so daß die durch $\varphi = \varphi(\sigma)$ bestimmte Kurve bis auf höchstens abzählbar viele Punkte, wo sie Knicke aufweist, eine bestimmte Tangente besitzt. Diese konvexe Kurve $\varphi = \varphi(\sigma)$ beherrscht nun die Nullstellenverteilung von $f(s)$ in der einfachen Weise, daß die den Knickpunkten der Kurve entsprechenden Abszissen σ gerade die obenerwähnten etwaigen Ausnahmewerte von γ und δ sind, während für jedes andere Wertepaar γ, δ, für welche also die Ableitungen $\varphi'(\gamma)$ und $\varphi'(\delta)$ beide vorhanden sind, der obige Grenzwert $G(\gamma, \delta)$ existiert und einfach durch die Formel

$$G(\gamma, \delta) = \frac{1}{2\pi}\{\varphi'(\delta) - \varphi'(\gamma)\}$$

bestimmt wird.

Durch diesen Satz, welcher sich bei näherer Betrachtung als eine natürliche Verallgemeinerung einer klassischen JENSEN*schen Formel* auf fastperiodische Funktionen erweist, ist das Problem der Werteverteilung fastperiodischer Funktionen im Allgemeinen klargestellt. Wenn es sich aber darum handelt, für eine bestimmte vorgelegte fastperiodische Funktion die Werteverteilung zu untersuchen und vor allem den obigen Grenzwert $G(\gamma, \delta)$ näher zu bestimmen, muß man gewöhnlich die Dirichletentwicklung der Funktion heranziehen. Für den Fall der RIEMANNschen Zetafunktion und einiger verwandter Funktionen liegen schon seit mehreren Jahren eingehende Untersuchungen dieser Art vor (die übrigens neuerdings von JESSEN und dem Verfasser wesentlich verfeinert wurden). Auf diese spezielleren Untersuchungen, die den Ausgangspunkt der ganzen Theorie der fastperiodischen Funktionen gebildet haben, soll aber hier nicht näher eingegangen werden.

Literaturverzeichnis.

BESICOVITCH, A. S.: Almost periodic functions. Cambridge 1932. 180 S.

BESICOVITCH, A. S., u. H. BOHR: Almost periodicity and general trigonometric series. Acta math. Bd. 57 (1931) S. 203—292.

BOCHNER, S.: Beiträge zur Theorie der fastperiodischen Funktionen. I. Teil: Funktionen einer Variablen. Math. Ann. Bd. 96 (1927) S. 119—147, II. Teil: Funktionen mehrerer Variablen. Math. Ann. Bd. 96 (1927) S. 383—409.

BOHL, P.: Über die Darstellung von Funktionen einer Variabeln durch trigonometrische Reihen mit mehreren einer Variabeln proportionalen Argumenten. Magisterdissertation, Dorpat 1893. 31 S.

— Über eine Differentialgleichung der Störungstheorie. Crelles J. Bd. 131 (1906) S. 268—321.

BOHR, H.: Zur Theorie der fastperiodischen Funktionen. I. Teil: Eine Verallgemeinerung der Theorie der Fourierreihen. Acta math. Bd. 45 (1925) S. 29 bis 127, II. Teil: Zusammenhang der fastperiodischen Funktionen mit Funktionen von unendlich vielen Variablen; gleichmäßige Approximation durch trigonometrische Summen. Acta math. Bd. 46 (1925) S. 101—214, III. Teil: Dirichletentwicklung analytischer Funktionen. Acta math. Bd. 47 (1926) S. 237—281.

— Grenzperiodische Funktionen. Acta math. Bd. 52 (1929) S. 127—133.

— On the inverse function of an analytic almost periodic function. Ann. of Math., 2. Series Bd. 32 (1931) S. 247—260.

BOHR, H., u. O. NEUGEBAUER: Über lineare Differentialgleichungen mit konstanten Koeffizienten und fastperiodischer rechter Seite. Nachr. Ges. Wiss. Göttingen, Math.-phys. Kl. 1926 S. 8—22.

FAVARD, J.: Sur les équations différentielles linéaires à coefficients presquepériodiques. Acta math. Bd. 51 (1928) S. 31—81.

HAMMERSTEIN, A.: Über die Vollständigkeitsrelation in der Theorie der fastperiodischen Funktionen. S.-B. preuß. Akad. Wiss., Phys.-math. Kl. 1928 S. 17—20.

JESSEN, B.: Bidrag til Integralteorien for Funktioner af uendelig mange Variable. Habilitationsschrift, Kopenhagen 1930. 66 S.

STEPANOFF, W.: Über einige Verallgemeinerungen der fastperiodischen Funktionen. Math. Ann. Bd. 95 (1926) S. 473—498.

VALLÉE POUSSIN, C. DE LA: Sur les fonctions presque périodiques de H. Bohr. Ann. Soc. Sci. Bruxelles Bd. 47 (1927) S. 141—158. Mit einer ergänzenden Note. Ann. Soc. Sci. Bruxelles Bd. 48 (1928) S. 56—57.

WEYL, H.: Integralgleichungen und fastperiodische Funktionen. Math. Ann. Bd. 97 (1926) S. 338—356.

WIENER, N.: Generalized harmonic analysis. Acta math. Bd. 55 (1930) S. 117 bis 258. Diese Arbeit enthält ein ziemlich ausführliches Literaturverzeichnis, das auch fastperiodische Funktionen umfaßt.

WINTNER, A.: Spektraltheorie der unendlichen Matrizen. Leipzig 1929. 280 S.